桃病虫害诊治原色图谱

TAO BINGCHONGHAI ZHENZHI
YUANSE TUPU

主　编　冯玉增　胡清坡

副主编　安志红　张　涛　孙宝灵

编著者　宋建堂　王坤宇

科学技术文献出版社
SCIENTIFIC AND TECHNICAL DOCUMENTATION PRESS

内 容 提 要

该书全面系统地介绍了桃病虫害鉴别与无公害防治方面的知识。内容包括了危害桃的病原、害虫形态特征、危害特点、发生规律及无公害综合防治知识。该书内容新颖，图文并茂，以图为主，信息量大，既突出了农业和生物防治，也介绍了无公害化学农药防治技术。特点是每种病虫都配有多幅彩色图片，易识易辨，通俗易懂，可供果树站、植保站、果树科技人员、农资系统、农林院校师生及广大果农从事生产参考使用。

目　录

第一章

桃病害鉴别与无公害防治 /1

一、桃炭疽病 /1
二、桃实腐病 /2
三、桃果腐病 /3
四、桃软腐病 /4
五、桃溃疡病 /4
六、桃树白粉病 /5
七、桃褐腐病 /6
八、桃疮痂病 /7
九、桃畸果病 /8
十、桃树煤污病 /9
十一、桃树缩叶病 /10
十二、桃树真菌性穿孔病 /11
十三、桃树细菌性穿孔病 /12
十四、桃树叶斑病 /13
十五、桃树褐锈病 /14
十六、桃树花叶病 /14
十七、桃树红叶病 /15
十八、桃树腐烂病 /16
十九、桃树流胶病 /17
二十、桃树木腐病 /18
二十一、桃树干枯病 /19
二十二、桃树根癌病 /20
二十三、桃树烂根病 /21
二十四、桃树根结线虫病 /24

第二章

桃害虫鉴别与无公害防治 /26

一、桃蛀螟 /26
二、桃小食心虫 /27
三、桃虎象 /29
四、桃仁蜂 /30
五、李小食叶虫 /30
六、苹果蠹蛾 /32
七、枯叶夜蛾 /33
八、白星花金龟 /34
九、桃　蚜 /35
十、桃纵卷瘤头蚜 /36
十一、桃粉蚜 /37
十二、桃潜叶蛾 /38
十三、桃斑蛾 /39
十四、桃天蛾 /40
十五、桃白条紫斑螟 /41
十六、桃剑纹夜蛾 /42
十七、桑剑纹夜蛾 /43
十八、梨剑纹夜蛾 /44
十九、蓝目天蛾 /45
二十、小绿叶蝉 /46
二十一、桃黄斑卷叶蛾 /47

二十二、芽白小卷蛾 /48
二十三、杏白带麦蛾 /49
二十四、梅毛虫 /50
二十五、大袋蛾 /51
二十六、茶蓑蛾 /52
二十七、黄刺蛾 /53
二十八、白眉刺蛾 /54
二十九、丽绿刺蛾 /55
三十、褐边绿刺蛾 /56
三十一、扁刺蛾 /57
三十二、金毛虫 /58
三十三、茸毒蛾 /60
三十四、绿盲蝽 /61
三十五、黄色卷蛾 /61
三十六、苹果小卷叶蛾 /63
三十七、美国白蛾 /64
三十八、人纹污灯蛾 /65
三十九、山楂叶螨 /65
四十、二斑叶螨 /66
四十一、李叶甲 /67
四十二、苹毛丽金龟 /68
四十三、黑绒金龟 /70
四十四、斑衣蜡蝉 /71
四十五、八点广翅蜡蝉 /72
四十六、黑　蝉 /73
四十七、草履蚧 /74
四十八、桃介壳虫 /75
四十九、枣龟蜡蚧 /76
五十、桃红颈天牛 /77
五十一、桃小蠹 /78
五十二、六星黑点蠹蛾 /79

第三章

桃园害虫主要天敌保护与鉴别利用 /81

一、食虫瓢虫 /81
二、草　蛉 /82
三、寄生蜂、蝇类 /83
四、捕食螨 /84
五、蜘　蛛 /85
六、食蚜蝇 /86
七、食虫蝽象 /86
八、螳　螂 /87
九、白僵菌 /88
十、苏云金杆菌 /88
十一、核多角体病毒 /89
十二、食虫鸟类 /89
十三、蟾蜍（癞蛤蟆）、青蛙 /90

第四章

桃病虫无公害综合防治 /91

一、适宜桃园使用的农药种类及其合理使用 /91
二、无害化病虫害综合防治 /93

参考文献 /99

第一章

桃病害鉴别与无公害防治

一、桃炭疽病

1. 病原 为半知菌类盘长孢状刺盘孢菌：*Colletotrichum gloeosporioides* Penz.。主要危害果实、叶片和新梢。

2. 症状鉴别 幼果被害后，果面呈暗褐色，发育受阻，萎缩硬化，多成僵果挂在树枝上。果实膨大期染病，病斑初期淡褐色，水浸状；病斑渐扩大，呈红褐色，圆形或椭圆形，并有显著凹陷。天气潮湿时，病斑上长出橘红色小粒点，为病菌的分生孢子盘及分生孢子。被害果除少数干缩残留于枝上外，绝大多数都在5月间脱落，这是桃果被害后引起落果最严重的一次。果实近成熟期发病，除与前述症状相同外，果面病斑显著凹陷，具有明显的同心环状皱缩；最后，果实软腐，多数脱落。新梢被害后，出现暗褐色、略凹陷、长椭圆形病斑；天气潮湿时，病斑表面也可长出橘红色小粒点；病梢多向一侧弯曲，叶片萎蔫下垂纵卷成筒状，严重时病梢枯死。（图1-1）

图1-1　桃炭疽病果

3. 发病规律 病菌主要以菌丝体在病梢组织、树上僵果中越冬，翌年早春产生分生孢子。分生孢子随风、雨、昆虫传播，侵害新梢和幼果，引起初侵染；以后在新生的病斑上产生分生孢子，引起再侵染。本病在整个生长期间都可侵染危害。多雨潮湿时发病重，因此处于江、湖、河水网地带的果园发病重。果实主要在迅速生长期发病，其次为采收前的膨大期。桃树开花期及幼果期低温多雨有利于发病，果实成熟期则以温暖多雨的高湿环境发病严重。管理粗放、留枝过密、土壤黏重、地势低洼、排水不良、树势衰弱的果园发病重。

4．防治要点

(1) 农业防治：加强果园管理，增施磷、钾肥，提高桃树的抗病力；冬、春季结合修剪彻底清除树上的枯枝、僵果和地面落果，集中烧毁或深埋，以消灭越冬病菌，减少侵染来源；在桃芽萌动至开花前后要反复剪除陆续出现的病枯枝，并及时剪除以后出现的卷叶病梢及病果，集中烧毁，防止病部产生孢子而再次侵染。

(2) 药剂防治：芽萌动期全树均匀喷布1∶1∶100倍波尔多液或3～5波美度石硫合剂。谢花后，从小桃脱萼开始，每隔10～14天喷1次杀菌剂，药剂可选用70%甲基托布津可湿性粉剂700倍液或50%多菌灵可湿性粉剂600倍液、25%三唑酮可湿性粉剂1000～1500倍液、75%百菌清可湿性粉剂500倍液。

二、桃实腐病

1．病原 为半知菌类扁桃拟茎点霉菌：*Phomopsis amygdalina* Canonaco。本病又名桃腐败病，主要危害果和枝。

2．症状鉴别 近成熟期果实及晚熟品种桃果易发病。病斑多发生在桃果的顶尖或缝合线处。初发病时，果面先出现褐色水渍状斑点；继而病斑扩大，果肉腐烂，直达果心；最后病斑失水干缩，但中央不皱缩，较周围隆起，似龟甲状。干缩的病斑中央污白色，边缘灰黑色，上密生小粒点，为病菌的分生孢子器。受潮时，分生孢子器上产生白色的孢子角。枝干染菌，可造成枝干枯死或流胶。(图1-2)

图1-2 桃实腐病果

3．发病规律 病原菌为弱寄生菌，侵染衰弱树的枝干。病菌以菌丝体、子座、分生孢子器、分生孢子在枯枝或落地僵果的病组织中越冬。桃果成熟期，枯枝或落地僵果产生的分生孢子随气流或雨水飞溅到果面上，侵染果实引起发病。病菌侵入果实的部位多在桃果缝合线开裂处。郁闭、低洼、湿度较大的果园发病较重。近成熟期阴雨天较多的年份常造成大量烂果。

4．防治要点

(1) 农业防治：合理修剪，保

持树体枝条疏密有度，通风透光良好；适时施肥、浇水，增施有机肥，增强树势，提高树体的抗病能力；冬、春季彻底清除树上的枯死枝和地面落果，减少越冬菌源。

（2）药剂防治：芽萌动期喷洒 3 ～ 4 波美度石硫合剂，注意干枝着药均匀，消灭枝上的越冬病菌。从桃果膨大期开始，每隔 10 ～ 15 天喷布 1 次 50% 多菌灵可湿性粉剂 800 倍液或 50% 速克灵可湿性粉剂 1000～1500 倍液、70% 甲基托布津可湿性粉剂 700 倍液、50% 扑海因可湿性粉剂 1500 倍液。

三、桃果腐病

1. 病原　为半知菌类大茎点属病菌：*Botryosphaeria berengeriana*。本病又称桃轮纹病，主要危害果和枝干。

2. 症状鉴别　桃果在成熟期发病，造成果实大量腐烂。桃果发病初期，先在果面产生淡褐色小点，以后很快向外扩展，颜色加深，果肉软腐，直达果心。烂果病斑多不凹陷，发病后期失水皱缩，上生许多小黑点，为病原菌的分生孢子器。潮湿时，小黑点上产生白色的分生孢子角。枝干染病后，导致枝干枯死或流胶。（图 1-3）

图 1-3　桃果腐病果

3. 发病规律　病原菌为弱寄生菌，侵染衰弱树的枝干。病菌以菌丝体、分生孢子器或子座在枝干的病组织内越冬。桃果近成熟期，枝干上不断产生的分生孢子随气流或雨水飞溅到果面上，经裂纹、虫口或机械伤口侵入果实，引起发病。果实成熟期阴雨潮湿的天气有利于病害的发生。

4. 防治要点

（1）农业防治：加强果园管理，增施有机肥和磷、钾肥，适时施肥、浇水，以增强树势，使果实发育良好，减少裂果和病虫伤；合理修剪，保持果园通风透光良好；冬、春季彻底清除树上的枯死枝和地面落果，减少越冬菌源。

（2）药剂防治：芽萌动期用 3 ～ 4 波美度石硫合剂喷布全树，消灭枝干上的越冬病菌。从桃果膨大期开始，每隔 10 ～ 15 天喷布 1 次 50% 多菌灵可湿性粉剂 800 倍液或 50% 扑海因可湿性粉剂 1500 倍液、70% 甲基硫菌灵可湿性粉剂

700 倍液、50% 速克灵可湿性粉剂 1000～1500 倍液。

四、桃软腐病

1. 病原 为接合菌门匍枝根霉菌：*Rhizopus stolonifer*(Ehrenb. ex Fr.) Vuill.。主要危害果实。

2. 症状鉴别 桃果成熟期或在贮运过程中，桃果大量腐烂。桃果受害后发病迅速，病菌侵染果实后 1 ～ 2 天即可显现症状。病果褐色，软腐，有酒味，表面长有浓密的白色菌丝层。菌丝较长，上面布满黑色的小粒点，此为病菌的分生孢子囊。（图 1-4）

图 1-4 桃软腐病果

3. 发病规律 病菌存在普遍，为弱寄生菌，但它分解果胶的能力很强，破坏力极大，蔓延迅速。病菌的孢子由气流传播，通过伤口侵入成熟的果实，也可通过病健果接触直接传染。桃果成熟期遇雨或成熟后未及时采摘常造成大量烂果。采摘后，果实在装箱或运输中碰、撞、挤、压等造成的损伤是贮运过程中招致病菌侵染，引起桃果腐烂的重要原因。

4. 防治要点

（1）农业防治：加强果园管理，增施有机肥和磷、钾肥，适时浇水，使果实发育良好，减少裂果和病虫损伤；成熟的果实要及时采摘销售；长途运输的果实应在八成熟时采摘装箱，最好低温贮运，并尽量减少机械损伤。

（2）药剂防治：在桃果近成熟时喷布 1 次 50% 速可灵可湿性粉剂 1000～1500 倍液或 50% 多菌灵可湿性粉剂 800 倍液、50% 扑海因可湿性粉剂 1500 倍液、70% 甲基托布津可湿性粉剂 700 倍液，控制病害的发生。长距离运销的果实，在八成熟时采摘，并用山梨酸钾 500 ～ 600 倍液浸后装箱，可减少贮运期间的侵染。

五、桃溃疡病

1. 病原 为半知菌类帚梗柱孢霉菌：*Cylindrocladium scoparium* Morgan。主要危害果实、叶片和新梢。

2. 症状鉴别 桃果染病初期，果面上形成圆形小病斑，病斑稍凹陷，外围浅褐色，中央灰白色，以后病斑迅速扩展，凹陷加深。在潮湿条件下，病斑上产生灰白色霉层，此为病菌的分生孢子梗和分生孢子。后期病斑失水，其下的果肉质地绵软，污白色，似朽木。新梢受害，形成暗褐色溃疡斑。叶片受害，病斑近圆形，灰褐色。（图 1-5）

图 1-5 桃溃疡病果

3. 发病规律 病斑上白色的霉丛为病菌的分生孢子梗和分生孢子。病原菌是一种兼性寄生菌，既可寄生，又可腐生。病菌以菌丝体或微菌核在树上的溃疡枝、地面的落叶和烂果上或土壤中越冬，翌年产生分生孢子。分生孢子随风雨传播，侵染果实、新梢和叶片。果实常在近成熟期发病。果面伤口有利于病菌侵入。地势低洼、通风透光差、树下地面阴湿的桃园，近成熟期阴雨天较多的年份发病重；内膛枝及近地面枝上的果实易感病。

4. 防治要点

（1）农业防治：合理修剪，疏除过密枝、近地面枝等，改善果园通风透光条件，使果园保持良好的温、湿、光条件；及时清扫地面落叶、僵果，集中烧毁或深埋，以消灭菌源。

（2）药剂防治：春季芽萌动前，用 3 ～ 4 波美度石硫合剂喷布树体，消灭越冬菌源；从桃果硬核期开始，每隔 10 ～ 14 天喷 1 次 50% 扑海因可湿性粉剂 1500 倍液或 50% 速克灵可湿性粉剂 1500 倍液、75% 百菌清可湿性粉剂 600 倍液。

六、桃树白粉病

1. 病原 有 2 种，均为子囊菌门真菌，一种为三指叉丝单囊壳菌，*Podosphaera tridactyla* (Wallr.) de Bary；另一种为毡毛单囊壳菌，*Sphaerotheca pannosa* (Wallr.) Lev.。主要危害叶片和果实。

2. 症状鉴别 叶片症状出现在 9 月以后。叶背面现白色圆形菌丛，表面具黄褐色轮廓不清的斑纹，严重时菌丛覆满整个叶片。幼叶染病，叶面不平。秋末，菌丛中出现黑色小粒点，即病菌闭囊壳。果实染病症状出现在 5 月，果面上生有直径 1 ～ 2 厘米的粉状菌丛，扩大

后可占果面1/3～1/2，果表变褐凹陷硬化。(图1-6)

图1-6 桃白粉病果

3. 发病规律 三指叉丝单囊壳菌于10月后产生子囊壳越冬，翌年条件适宜时产生子囊孢子进行初侵染。毡毛单囊壳菌以菌丝在最里边的芽鳞片表面越冬，翌年产生分生孢子进行初侵染和多次再侵染。分生孢子萌发适温为21～27℃。

4. 防治要点

(1) 农业防治：秋季落叶后及时清除，高温堆沤或深埋，以减少菌源。

(2) 药剂防治：春季发芽前喷1次5波美度石硫合剂，花芽膨大期喷0.3波美度石硫合剂。幼果膨大期喷洒72%农用硫酸链霉素3000倍液加粉必净500倍液或2%农抗120水剂500倍液、50%加瑞农可湿性粉剂600倍液、15%三唑酮可湿性粉剂1500倍液等，连用2～3次。中华寿桃对三唑酮敏感，易产生药害，不宜使用。

七、桃褐腐病

1. 病原 为子囊菌门链核盘菌：*Monilinia fructicola* (Wint.) Rehm.。本病又名桃菌核病，主要危害果、花、叶、枝梢。

2. 症状鉴别 花部受害常自雄蕊及花瓣尖端开始，出现褐色水浸状斑点，逐渐蔓延至全花，变褐枯萎。天气潮湿时，病花迅速腐烂，表面丛生灰霉；天气干燥时，病花则萎垂干枯，残留于枝上长久不脱落。嫩叶受害自叶缘开始变褐，病叶萎垂，如同霜害残留在枝上。果枝和新梢发病常形成溃疡斑。溃疡斑长圆形，稍凹陷，中央灰褐色，边缘紫褐色，常发生流胶。当溃疡斑扩展至环绕枝条一周时，病斑上部枝条枯死。天气潮湿时，溃疡斑上也可长出灰色霉层。果实自幼果至成熟期都可受害，但以果实接近成熟期受害严重，被害果实在果面上产生褐色圆形病斑，并可扩及全果，果肉变褐软腐，病斑表面生出灰褐色绒状霉层。病果腐烂后易脱落，也可干缩成僵果悬挂树上，至第二年也不脱落。(图1-7)

3. 发病规律 病部长出的霉丛为病菌的分生孢子梗和分生孢子。病菌以菌丝体在僵果或枝梢的

图 1-7　桃褐腐病果

溃疡部越冬，翌年春季产生分生孢子，借风、雨、昆虫传播，引起初侵染。病菌经伤口、果皮气孔侵入果实，也可直接从柱头、蜜腺侵入花器造成花腐，再蔓延到新梢。桃树开花期间低温多雨、湿度大时容易引起花腐，果实近成熟期温暖多雨则易引起果腐。树势衰弱、地势低洼、树叶过于茂密、通风透光较差的果园发病较重。在多雨潮湿的年份常流行成灾，引起大量烂果。

4．防治要点

（1）农业防治：合理冬剪，适时夏剪，改善园内通风透光条件；雨季及时排除果园内积水，保持园内通风透光良好；生长季节随时清理、冬春季彻底清理树上树下僵果、落叶，集中烧毁或深埋，消灭菌源。

（2）药剂防治：桃树发芽前，全树均匀喷布 1 次 4 ～ 5 波美度石硫合剂或 1：1：100 倍波尔多液，消灭树体上越冬的病菌。从幼桃脱萼开始，每隔 10 ～ 14 天喷布 1 次 65% 代森锌可湿性粉剂 500 倍液或 75% 百菌清可湿性粉剂 500 ～ 600 倍液、50% 多菌灵可湿性粉剂 600 倍液、70% 代森猛锌可湿性粉剂 700 倍液、70% 甲基托布津可湿性粉剂 600 ～ 800 倍液、50% 异菌脲可湿性粉剂 1500 倍液。

八、桃疮痂病

1．病原　为半知菌类嗜果枝孢菌：*Cladosporium carpophilum* Thum。本病又名桃黑星病，主要危害果实、叶片和新梢。

2．症状鉴别　果实感病部位多在肩部。病斑初期为暗褐色圆形小点，后期变为黑色痣状斑点，直径 2 ～ 3 毫米。受害果面黑斑点点，降低商品价值。发病严重时，病斑常聚合成片。病菌扩展仅限于表皮浅层组织，当病部组织枯死后，果实仍可继续生长，因此常发生龟裂。果梗后部受害常导致果实早期脱落。新梢被害后，病斑呈椭圆形隆起，浅褐色至暗褐色，大小为 3 毫米 ×6 毫米，受害部位常发生流胶，病健组织界限明显。第二年春季，病斑上可产生暗色小绒点状的分生孢子丛。叶片被害后，叶背可出现不规则形或多角形暗紫红色病斑，并形成穿孔，发病严重时引起落叶。（图 1-8）

图 1-8　桃疮痂病果

3. 发病规律　病部霉丛为病菌的分生孢子梗和分生孢子。病菌以菌丝体在枝梢的病部越冬，翌年 4 ~ 5 月产生分生孢子，借风雨传播。幼果面茸毛稠密，则病菌不易侵染。一般花瓣脱落 6 周后桃果始被侵染。北方桃区果实发病一般从 6 月开始，7 ~ 8 月最重；南方桃区 5 ~ 6 月发病最重。早熟品种果实发病较轻，晚熟品种果实发病较重。当年生的枝条被侵染后，至夏末才显现症状，秋季产生孢子，是翌年春季初次侵染的主要来源。多雨潮湿、地势低洼、枝条郁闭的果园发病重。

4. 防治要点

(1) 农业防治：适时疏枝修剪，使果园通风透光良好，以降低果园湿度，减轻病害的发生。对大型果品种，在生理落果后，进行疏果和定果，然后套袋，既可防病，又可提高桃果的外观品质。

(2) 药剂防治：春季发芽前全树均匀喷布 3 ~ 5 波美度石硫合剂或五氯酚钠 200 倍液，消灭越冬病菌。谢花后，从幼桃脱萼开始，每隔 10 ~ 14 天喷 1 次杀菌剂，直到采收；对于早熟品种，果实采收后仍需要继续喷药，以保护叶片和枝梢，减少翌年的越冬菌源，但喷药间隔期可适当拉长；可选用 65% 代森锌可湿性粉剂 500 倍液或 75% 百菌清可湿性粉剂 500 ~ 600 倍液、50% 多菌灵可湿性粉剂 600 倍液、70% 甲基托布津可湿性粉剂 700 倍液、70% 代森锰锌可湿性粉剂 700 倍液、25% 腈菌唑乳油 2000 ~ 3000 倍液喷雾。

九、桃畸果病

1. 病因　有生理原因、非生理原因和虫害三种。非生理原因可引致花脸型，如细菌性穿孔病致果实生褐色小圆斑、凹陷，干燥条件下可生裂纹、花脸；霉斑穿孔病病果现紫色凹陷斑，形成麻脸；桃缩叶病引致幼果发生黄色或红色隆起斑，随果实增大发生龟裂或呈麻脸状；桃黑星病危害果实，致果面现暗绿色圆形小斑点，后扩大致果面粗糙，病果龟裂。病虫危害引起疙瘩果，如茶翅蝽、下心瘿螨等危害致果面凹凸不平呈疙瘩状。近成熟果实受害果面现凹坑，果肉木栓化或变松。生理原因引致裂果，主要是水分供应不均或久旱遇大暴雨，致干湿变化过大引起，尤其是大型果易裂。

2. 症状鉴别　桃畸果病系指果实外观发育不正常，如裂果（图1-9）、疙瘩果（图1-10）、花脸果（图1-11）等，影响果实外观和商品价值。

图 1-9　桃裂果病果

3. 防治要点

（1）防治非生理病害引致的畸果：对因菌类引起的裂果，在雨季及果实发病初期喷洒0.5∶1∶100倍波尔多液或70%代森锰锌可湿性粉剂600倍液、80%多菌灵可湿性粉剂1000倍液；对黑星病引起的畸形果，可于初花期、盛花期各喷1次24%应得胶悬剂3000倍液。

图 1-10　桃瘿螨畸果病果

（2）防治害虫危害引起的疙瘩果：查清害虫种类，及时防治。

（3）防治生理原因造成的裂果：加强肥水管理，合理修剪，保持果园通风透光良好，及时灌排水，保持土壤湿度供求平衡；或在花前、花后和幼果期各喷1次0.3%～0.5%硼砂溶液。

图 1-11　桃畸果花脸病果

十、桃树煤污病

1. 病原　引致煤污的病原菌有多种，主要有出芽短梗霉 *Aureobasidium pullulans* (de Bary) Arn.；多主枝孢 *Cladosporium herbarum*（Pers.）Link；大孢枝孢 *Cladosporium macrocarpum* Preuss，均为半知菌类真菌。主要危害叶片，也危害果实和嫩枝梢。

2．症状鉴别 叶片染病后，叶面初呈污褐色圆形或不规则形霉点，后形成煤烟状物，可布满叶、枝及果面，严重时几乎看不见绿色叶片及鲜美果实，到处布满黑色霉层，影响光合作用，致桃树提早落叶。(图 1-12)

图 1-12 桃树煤污病果

3．发病规律 病原菌以菌丝和分生孢子在病叶上、在土壤内及植物残体上越过休眠期，翌春产生分生孢子，借风雨及蚜虫、介壳虫、粉虱等传播蔓延。蚜虫、介壳虫、粉虱等危害重、郁蔽严重、湿度大的桃园或梅雨季节易发病。

4．防治要点

(1) 农业防治：改变桃园小气候，保证通风透光良好；雨后及时排水，防止湿气滞留。

(2) 及时防治蚜虫、粉虱及介壳虫。

(3) 药剂防治：于点片发生阶段，及时喷洒 40% 克菌丹可湿性粉剂 400 倍液或 40% 大富丹可湿性粉剂 500 倍液、50% 可灭丹可湿性粉剂 800 倍液、40% 多菌灵胶悬剂 600 倍液、50% 多霉灵（乙霉威、万霉灵）可湿性粉剂 1000 倍液、65% 抗霉灵（硫菌霉威）可湿性粉剂 1500 倍液，隔 15 天左右喷洒 1 次，视病情防治 1 ~ 2 次。

十一、桃树缩叶病

1．病原 为子囊菌门畸形外囊菌：Taphrina deformans (Berk.) Tul.。主要危害叶片，也可危害嫩梢、花及幼果。

2．症状鉴别 春季嫩叶刚从芽鳞抽出时即显现症状。发病初期叶片卷曲，颜色发红；随着病叶的生长，叶片卷曲皱缩加剧，并增厚变脆，呈红褐色；春末夏初，病叶表面生出一层银白色粉状物，为病菌的子囊层；最后，病叶变褐、焦枯、脱落。叶片脱落后，腋芽常萌发抽出新叶，新叶不再受害。嫩梢受害后，病梢呈灰绿色或黄色，较正常的枝条节间短而略为粗肿，叶片丛生，严重受害者常枯死。花瓣受害后变肥、变长。果实受害后畸形，果面龟裂。受害花、果易脱落。(图 1-13)

3．发病规律 病菌有性阶段形成子囊及子囊孢子。子囊孢子生于叶片的表皮下，可产生薄壁与厚

图 1-13　桃树缩叶病

壁两种类型的芽孢子。薄壁芽孢子可再行芽殖，而厚壁芽孢子能抵抗不良环境并越冬、越夏。病菌以厚壁孢子在桃芽鳞片上或枝干树皮的缝隙内越冬，翌年春季桃树萌芽时，芽孢子萌发，从叶片表皮或气孔侵入嫩叶，造成初侵染。初夏，病菌在病叶上形成子囊层，产生子囊孢子和芽孢子，如条件适宜可继续芽殖；而在夏季高温时，厚壁孢子则在芽鳞内越夏，乃至越冬。早春桃芽萌动时，如气温较低（10 ~ 16℃）、持续时间长、湿度大，则病害发生较重；温度在 21℃以上时，病害则停止发展。早春低温多雨的地区或年份，该病发病重；早春湿暖干旱则发病较轻。病害一般从 4 月上旬开始发生，4 月下旬至 5 月上旬为发病盛期，6 月气温升高后，发病逐渐停止。该病以沿海和滨湖地区发病较重。

4．防治要点

（1）农业防治：加强果园管理，增强树势，提高抗病能力。在病叶初见但未形成白粉状物之前及时摘除病叶，集中烧毁或深埋，以切断传染源；对于发病重、叶片焦枯和脱落的树，及时处理病叶后，应补施肥料和浇水，促使树势尽快恢复。

（2）药剂防治：在花芽萌动至花瓣露红期，用 2 ~ 3 波美度石硫合剂或 1∶1∶100 倍波尔多液进行树体喷雾，消灭初侵染病源，防治效果良好。从谢花后开始，每隔 10 天喷布 1 次 70%甲基托布津可湿性粉剂 700 倍液或 50%多菌灵可湿性粉剂 600 倍液、70%代森猛锌可湿性粉剂 500 ~ 600 倍液。

十二、桃树真菌性穿孔病

1．病原　病原菌有多种：嗜果刀孢菌 *Clasterosporium carpophilum*（Lev.）Aderh.、核果尾孢霉 *Cercospora circumscissa* Sacc.，均属半知菌类真菌。主要危害叶片、花果和枝梢。

2．症状鉴别　叶片染病后，叶面出现近圆形或不规则形紫色至褐色病斑，直径 2 ~ 6 毫米。湿度大时，叶背长出黑色霉状物，即病菌子实体。病叶脱落后，才在叶上残存穿孔。花、果实染病后，病斑小而圆，紫色，凸起后变粗糙。花梗染病后，未开花即干枯脱落。新梢发病时，出现暗褐色具红色边缘的病斑，表面有流胶。较老的枝条染病后，形成球形瘤状物，占枝条四周面积的1/4 ～ 3/4。（图1-14，图1-15）

图 1-14　桃树真菌性穿孔病叶

图 1-15　桃树真性穿孔病果

3. 发病规律　两种病菌均以菌丝体在病叶或枝梢病组织内越冬，翌春气温回升、降雨后产生分生孢子，借风雨传播，侵染叶片、新梢和果实，以后病部产生的分生孢子可进行再侵染。病菌发育温度为7～37℃，适温为25～28℃。低温多雨利于病害发生和流行。

4. 防治要点

（1）农业防治：加强桃园管理，科学修剪，增施有机肥，合理灌水，保证果园通风透光良好。

（2）药剂防治：落花后，喷洒70%代森锰锌可湿性粉剂500倍液或75%百菌清可湿性粉剂700～800倍液、70%甲基托布津可湿性粉剂1000倍液，每隔10 ～ 15天喷洒1次。

十三、桃树细菌性穿孔病

1. 病原　为黄单胞杆菌属甘蓝黑腐黄单胞菌：*Xanthomonus campestris* pv. *pruni* (Smith) Dye。主要危害叶片，也危害果实和新梢。

2. 症状鉴别　叶片染病后，出现圆形、多角形或不规则形的紫褐色至黑褐色斑点，直径约2毫米。病斑周围呈水渍状，并有黄绿色晕环，容易干枯脱落形成穿孔。病斑多发生在叶脉两侧和边缘附近，有时数斑融合形成一块大斑。在多雨地区，染病常引起落叶。果实染病后，果面发生紫色凹陷小圆斑，周缘水渍状。天气潮湿时，病斑上常出现黄白色黏质分泌物，干枯时往往发生裂纹。春季新叶出现时，在上年抽生的枝条上开始发病，可形成长约1 ～ 10厘米、宽度不超过枝条直径的一半的溃疡病斑，有时可造成梢枯现象；夏末多在当年生嫩枝上发病，形成圆形或椭圆形、稍凹陷、褐色至紫黑色的溃疡病斑。(图 1-16)

3. 发病规律　病原菌在枝条皮层组织内越冬，翌春随气温回升细菌开始活动，形成春季溃疡病斑，成为主要初侵染源。病菌发育最适温度为 24～28℃，最高为 37℃。桃树开花后，病菌从病组织中溢出，借风和昆虫传播，经叶片的气孔、枝条及果实的芽痕或皮孔侵入，发生再侵染。叶、果一般于 5 月间发病。夏季干旱时病势进展缓慢，至秋季又发生后期侵染。本病的发生与气候、树势、管理及品种有关。

4. 防治要点

(1) 农业防治：选用抗病品种；加强桃园管理，增施有机肥，避免偏施氮肥；科学修剪，合理灌水，使桃园通风透光良好，以增强树势，提高树体抗病力；冬、春季清除园内枯枝落叶，集中烧毁或深埋，消灭越冬菌源。

(2) 药剂防治：早春发芽前喷洒 4～5 波美度石硫合剂或 45% 晶体石硫合剂 30 倍液、1∶1∶100 倍波尔多液、30% 绿得保胶悬剂 400 ～ 500 倍液。发芽后喷洒 5% 菌毒清水剂 200 ～ 300 倍液或 72% 农用链霉素可湿性粉剂 3000 倍液、硫酸链霉素 4000 倍液。

十四、桃树叶斑病

1. 病原　有 2 种，即半知菌类桃叶点霉菌 *Phyllosticta persicae* Sacc. 和核果穿孔叶点霉菌 *P. circumscissa* Cke。本病又名褐斑病，主要危害叶片。

2. 症状鉴别　叶上产生圆形或近圆形病斑，茶褐色，边缘红褐色。秋末，病斑处出现黑色小粒点。8 ～ 9 月，病斑脱落形成穿孔。(图 1-17)

图 1-16　桃树细菌性穿孔病叶

图 1-17　桃树叶斑病叶

3．发病规律 桃叶点霉菌分生孢子器生在寄主表皮下，核果穿孔叶点霉菌分生孢子器散生。两种病菌均以菌丝体和分生孢子器在落叶上越冬，翌春产生分生孢子，借风雨传播进行初侵染和再侵染。秋季发病较多。降雨多或秋雨连绵时发病重。

4．防治要点

（1）农业防治：加强果园管理，增强树势，以减少发病；冬、春季清除园内落叶，消灭越冬菌源。

（2）药剂防治：发病初期喷洒 50% 百・福可湿性粉剂 600 ～ 800 倍液或 78% 代森锰锌・波尔多液可湿性粉剂 500 倍液、75% 百菌清可湿性粉剂 600 倍液。

十五、桃树褐锈病

1．病原 为担子菌门刺李疣双胞锈菌：*Tranzschelia pruni-spinosae* (Pers.) Diet.。本病又名桃锈病，危害叶。

2．症状鉴别 叶面染病后，产生红黄色圆形或近圆形病斑，边缘不清晰；背面染病后，产生稍隆起的褐色圆形小疱疹状斑。重者叶片枯黄脱落。（图 1-18）

图 1-18 桃树褐锈病叶

3．发病规律 该病菌具转主寄生特性，其转主寄主为白头翁和唐松草。病原菌主要以孢子在落叶上越冬，或以菌丝体在白头翁和唐松草的宿根或天葵的病叶上越冬。6 ～ 7 月病菌开始侵染，先侵染叶背，后侵染叶面；8 ～ 9 月进入发病盛期，叶正反面均产生病斑，尤其以老叶及成长叶发病重。

4．防治要点

（1）农业防治：结合冬季清园，认真清除落叶，铲除转主寄主，高温堆沤或深埋，清除初侵染源。

（2）药剂防治：侵染初期每隔 10～14 天喷布 1 次 65% 代森锌可湿性粉剂或 75% 百菌清可湿性粉剂、50% 多菌灵可湿性粉剂 500～600 倍液、70% 代森猛锌可湿性粉剂 700 倍液、70% 甲基托布津可湿性粉剂 600 ～ 800 倍液、50% 异菌脲可湿性粉剂 1500 倍液。

十六、桃树花叶病

1．病原 为桃潜隐花叶类病毒：PLMVd。主要危害叶、花和果。

2．症状鉴别 为潜隐性病害。

叶片染病后，呈现鲜黄色斑驳或褪绿斑纹或不规则形花叶，严重时病叶黄化，甚至全树叶片都变成黄色。花瓣染病后，产生叶脉状粉红色条纹。果实染病后，果面褪绿、变形、缺乏香味，果核稍扁且有开裂，果缝处开裂并木栓化，果实变小。病株生长缓慢，开花和果实成熟晚4～6天。(图1-19)

3. 发病规律　病原通过嫁接、带毒插穗及桃蚜、瘿螨和其他刺吸式口器昆虫传播。3月开花期如遇高温天气，花蕾发病重。桃树染病后抗病和抗寒能力降低。病树果实小，仅为正常果的1/3。病树主干和枝条内皮层坏死，易遭病菌侵害，提早衰老。在一些品种上，树木染病后木质部产生茎痘斑。

4. 防治要点

(1) 杜绝从病树上采集接穗繁育苗木，培育和栽培无病毒桃苗；注意修剪工具的消毒，以避免传染。

(2) 及时防治桃蚜、瘿螨等刺吸式口器害虫。

十七、桃树红叶病

1. 病原　为桃树红叶病毒：RhRLV。危害桃叶。

2. 症状鉴别　主要表现是叶片变红，已成为北方一些桃产区的重要病害。染病树春季发芽开花晚，果实成熟迟。叶芽萌动后，嫩叶现红色，从叶尖向下逐渐干枯，不能抽生新梢，致一年生枝局部或全部干枯。5月中旬至8月症状轻或不显症，到了秋梢期又现春季症状，病叶背面又现红色，叶面粉红色，黄化或脉间失绿。(图1-20)

3. 发病规律　病原由嫁接或蚜虫、叶蝉、介壳虫等刺吸式口器害虫传染。该病的发生、扩展与桃园的土壤、地势、地理位置、连作及气候条件关系不大。病株在田间呈点片分布，表现为传染性病害的

图1-19　桃树花叶病叶

图1-20　桃树红叶病叶

分布特性，与生理性病害特性不符。此病有蔓延加剧势头。大久保桃发病重。

4．防治要点

（1）繁育无病毒苗木：选用无病接穗和抗病实生砧木，培育无病苗木；或将带毒苗木和接穗置于37℃下培养28～40天，可获得脱毒苗木；或将芽条置于70℃热空气中10分钟，可获得脱毒芽条。对于苗圃内病苗，应及时拔除，并集中烧毁。

（2）农业防治：加强果园综合管理，增施有机肥，及时灌排水，增强树势，提高树体抗病力。

（3）及时防治蚜虫、叶蝉等刺吸式口器害虫。

（4）药剂防治：发病初期喷洒10%混合脂肪酸（83增抗剂）水乳剂100倍液或5%菌毒清水剂200倍液、0.5%抗毒剂1号水剂600倍液、1.5%植病灵乳油1000倍液、20%盐酸吗啉胍·铜（病毒A）可湿性粉剂1000倍液，每隔10～15天喷洒1次，连续防治2～3次。

十八、桃树腐烂病

1．病原　为子囊菌门核果黑腐皮壳菌：*Valsa leucostoma* (Pers.) Fr.。本病又名桃干枯病，主要危害枝干，全国各地均有发生。

2．症状鉴别　初期症状为病部稍凹陷，外部可见米粒大小的流胶；其后，病部树皮腐烂、湿润，呈黄酒精味。病斑纵向扩展快，不久深达木质部，病部干缩凹陷，表面生钉头状灰褐色的小突起，此为病菌的子座；如撕开表皮可见许多眼球状、中央黑色、周围有一圈白色菌丝环的小突起，空气潮湿时从中涌出黄褐色丝状物，此为病菌的分生孢子角。当病斑扩展包围主干一周时，病树很快死亡。（图1-21）

图1-21　桃树腐烂病干

3．发病规律　病菌寄生性很强，对树势健壮的桃树危害较轻，在衰弱和垂死的树皮上扩展快。病菌在树干病组织中越冬，翌年3～4月分生孢子萌发，借风雨和昆虫传播。5～6月是病害发展的高峰期，春、秋两季病疤扩展较快。高温对病害的发展有抑制作用。11月逐渐停止扩展。病菌从树干（枝）伤口或皮孔侵入，冻害造成的伤口是病菌侵入的主要途径。病部常发生流胶现象。凡是能导致桃树抗寒性降低的因素，以及负载量过大、施用速效肥过多、磷钾肥不足、地势低洼、土壤黏重、雨季排水差等不利于桃树生长的条件，都可诱发腐烂病。

4. 防治要点

（1）农业防治：加强栽培管理，增强树势，提高抗病能力；晚秋用石灰水涂干或在树的主干上缠草绳，防止桃树受冻害，以减轻该病的发生。

（2）药剂防治：该病初期症状不明显，早春要细心查找，发现后用刀先将病疤刮除，再用47%加瑞农可湿性粉剂100倍液或70%甲基托布津可湿性粉剂50倍液涂抹伤口。因桃树易流胶，所以在刮除病疤涂药治疗后，最好再涂一层植物或动物油脂一类的伤口保护剂。

十九、桃树流胶病

1. 病原　本病分侵染性流胶病和非侵染性流胶病两种。侵染性流胶病又名桃瘤皮病、疣皮病、桃树脂病、真菌性流胶病，病原为子囊菌门茶藨子葡萄座腔菌：*Botryosphacria ribis Tode Gross. et Dugg.*；非侵染性流胶病病因主要是由霜害、冻害、病虫害、雹害及机械伤害等造成的伤口及栽培管理不当，如施肥过多、修剪过重、结果过多、土壤黏重、土壤酸碱度不调等引起的树体生理失调，导致流胶。危害树干、枝条和果实。

2. 症状鉴别　由侵染性流胶病引起的流胶：枝干受害后，皮层呈疣状隆起，或环绕皮孔出现1～2厘米的凹陷病斑，并从皮孔中渗出胶液；病斑扩展，侵染点增多到绕枝干一周后，病斑上部枝干常枯死；枯死的枝干上可见许多小黑粒点状物；1～2年生枝条染病，多以皮孔为中心产生疣状病斑。当年病斑一般不流胶，病斑下皮层变褐坏死。果实受侵染后，多在近成熟期流胶发病，变褐，腐烂。非侵染性流胶病引起的流胶：主要危害主干和主枝桠杈处，小枝条和果实也可被害，尤其雨后流胶现象严重。侵染性流胶病较非侵染性流胶病的流胶量少，后者尤其以伤口引起的流胶量大。流出的树胶初为无色半透明的稀薄而有黏性的软胶，与空气接触后变为茶褐色或红褐色，干燥后变为坚硬的胶块，遇雨吸水后膨胀为胨状胶体。该病常导致树体早衰，甚至死亡。（图1-22，图1-23）

图 1-22 桃果侵染性流胶病

图 1-23 桃干非侵染性流胶病

3. 发病规律 侵染性流胶病病菌以菌丝体、子座和分生孢子器在病部越冬，并可在病枝上存活多年。枝干上长出的小黑粒状物是病菌的子囊果和分生孢子器。天气潮湿时从分生孢子器逸出大量分生孢子，分生孢子靠雨水分散传播到枝干上，萌发后从皮孔或伤口侵入。果树负载量过大或地势低洼、土壤黏重、果园排水差、重茬再植的果园发病重。非侵性流胶病一般以4～10月间的雨季（特别是长期干旱后偶降暴雨）、老龄、衰弱、伤口多的树木以及病虫危害重、土壤黏重、管理不当的果园发病重。

4. 防治要点

（1）农业防治：选择地势高、透水性好的沙质壤土地建园；避免重茬栽植桃树；加强栽培管理，增强树势，提高抗病能力；冬季或早春按结1千克桃果施入2～3千克有机肥的比例，开沟施入桃树根际；生长季节适时追肥浇水；冬、春季要注意防冻害和霜害；修剪时将树上病枯枝剪除烧掉，减少越冬病源。

（2）及时防治蚜虫、介壳虫、天牛、食心虫等枝干病虫害。

（3）药剂防治：桃树萌芽前全树均匀喷布50%代森锰锌可湿性粉剂600～800倍液，以消灭树皮浅层的流胶病菌。桃树生长期间，用70%甲基硫菌灵可湿性粉剂700倍液或50%多菌灵可湿性粉剂600倍液、75%百菌清可湿性粉剂500倍液喷布叶、枝干，兼治果实、叶片和桃树流胶病。

二十、桃树木腐病

1. 病原 为担子菌门变色多孔菌、裂褶菌、暗黄层孔菌等多种真菌，主要是暗黄层孔菌：*Fomes fulvus*（Scop.）Gill.。本病又叫心腐病，主要危害桃树的木质心材部分，使心材腐朽。

2. 症状鉴别　受害树先在伤口或锯口等木质暴露处显现症状，木质变褐，干枯朽烂，后变为灰白色，渐长出白色菌丝体和子实体。腐朽的木质心材疏松，质软而脆，触之易碎。病部表面长出灰白色病菌子实体，多数由锯口长出，少数从伤口和虫口长出，每株可形成一个至数十个病菌子实体，以枝干基部受害重，导致树势衰弱，叶色变黄或过早落叶。（图 1-24）

图 1-24　桃树木腐病

3. 发病规律　病菌在受害树的枝干上长期存活，以子实体上产生的孢子随风雨飞散传播，经锯口、蛀口及其他伤口侵入。一般老龄树、弱树发病较重；难以愈合的大锯口处易受害发病；连阴雨及果园通风透光不良易发病。

4. 防治要点

（1）农业防治：加强栽培管理，增施有机肥，使桃树生长健壮，提高抗病能力；合理修剪，尽可能减少伤口；发现病死树要及时刨除并烧毁；发现病树上的子实体应立即削除，带到园外集中烧毁，减少病菌的侵染来源。

（2）防虫治病：桃红颈天牛、吉丁虫等蛀干害虫所造成伤口是病菌侵染的重要途径，及时防虫，减少伤口，可减轻病害的发生。

（3）药剂防治：桃树萌芽前全树均匀喷布 5%菌毒清水剂 50～100 倍液，消灭浅层病菌。对锯口或发病部位涂抹 1%硫酸铜液或波尔多液、20%粉锈宁乳油 200 倍液，可起到保护或治疗作用。

二十一、桃树干枯病

1. 病原　为半知菌类桃壳梭孢菌：*Fusicoccum percicae* (Ell. et Ev.)。危害枝和干。

2. 症状鉴别　发病初期病斑褐色，凹陷；后期病斑干缩，上生点状隆起，即病菌的分生孢子器，病部以上部分枯死。（图 1-25）

3. 发病规律　以分生孢子器或菌丝体在病枝干上越冬，翌年 5～6 月释放分生孢子，借风雨传播。在具水滴或雨露条件下，分生孢子经 4～8 小时即可萌发，经伤

图 1-25 桃树干枯病枝

口或气孔侵入，引起发病。病原菌潜育期 30 天左右，后经 1 ~ 2 年才现出病症，因此本病一经发生，常持续 2 ~ 3 年。多雨或湿度大的地区、植株衰弱、冻害严重的桃园发病重。

4. 防治要点

（1）及时检查枝干，发现病部后，轻者用刀刮除病斑，重者剪掉或锯除，伤口用 45% 晶体石硫合剂 30 倍液消毒。

（2）农业防治：加强桃园管理，增施有机肥，疏松或改良土壤，雨后及时排水，注意防冻。

（3）药剂防治：可结合防治桃树其他病害，在发芽前喷洒 80% 五氯酚钠 200～300 倍液。在 5～6 月及时喷布 1：0.7：200 倍波尔多液 2～3 次或 53.8% 可杀得 2000 干悬浮剂 1000 倍液、20% 龙克菌悬浮剂 500 倍液、12% 松脂酸铜乳油 600 倍液，每隔 10～15 天喷布 1 次，连续防治 3～4 次。

二十二、桃树根癌病

1. 病原 为野杆菌属根癌土壤杆菌：*Agrobacterium tumefaciens* (Smith et Towns.) Conn，属细菌。主要危害桃树根系为桃树根部常见病害，各地均有发生。

2. 症状鉴别 桃树受病菌侵染后形成癌瘤，主要发生在根颈部，也发生于侧根和支根上，以嫁接口处较为常见。癌瘤形状、大小、质地因寄生部位不同而异，小的如豆粒，大的如胡桃、拳头或更大。初生时，癌瘤为乳白色或略带红色，光滑而柔软；以后逐渐变为褐色至深褐色，木质化而坚硬，表面粗糙或凹凸不平。苗木受害后，表现为发育受阻，生长缓慢，植株矮小，严重时叶片黄化，早衰；成年树受害后，果实变小，寿命缩短。（图 1-26）

图 1-26 桃树根癌病主枝上病瘤

3．发病规律　病菌在癌瘤组织的皮层内越冬，或在癌瘤破裂时进入土壤中越冬。病菌在土壤中能存活1年以上。病菌主要通过雨水和灌溉水传播；蛴螬、蝼蛄、线虫等地下害虫在病害传播上也起一定作用；苗木带菌是远距离传播的主要途径。病菌通过植株伤口侵入。适宜病菌侵染的温度为22℃左右，发病率随土壤温度的升高而增加；碱性土壤有利于发病，酸性土壤对发病不利；土壤黏重、排水不良者发病重，而土壤疏松、排水良好的沙壤土发病轻。嫁接口的部位、接口大小以及愈合的快慢等因素均能影响发病程度，在苗圃中，切接苗木伤口大，愈合较慢，加之嫁接后要培土，伤口与土壤接触时间长，染病机会多，发病率较高；而芽按苗木，接口在地表以上，伤口小，愈合较快，则很少染病。

4．防治要点

(1) 农业防治：苗木一旦感染病菌，将终生带病，因此老果园，特别是细菌性根癌病较重的果园不能作为育苗基地。嫁接苗木最好采用芽接法，使接口上提，以避免伤口接触土壤。苗木定植前认真检查，发现病苗予以淘汰；定植前对接口以下部位，用1%硫酸铜液浸5分钟，再放入2%石杰水中浸1分钟。在定植后的果树上发现癌瘤时，先用快刀切除癌瘤，再用1：1：100倍波尔多液或1000万单位的链霉素1000倍液涂抹切口，外加凡士林保护。及时防治地下害虫，减少染病机会。对碱性土壤应适当施用酸性肥料或增施有机肥，以提高土壤的酸度值，使之不利于病菌生长。

(2) 生物免疫：用生物保护剂根癌灵（K_{84}）可有效防治桃树细菌性根癌病。K_{84}是一种根际弱寄生细菌，通过拌种、蘸根、涂抹等施药方法，使该菌在根部生长繁殖，抢先占领根癌病菌侵入部位，对植物实施免疫。注意必须在病菌侵入前使用K_{84}生物剂才能获得良好效果。

二十三、桃树烂根病

1．病原　由桃树根部病害引起的根部腐烂通称为烂根病。主要有白绢病、白纹羽病、紫纹羽病、根朽病和圆斑根腐病等。白绢病病原为担子菌门白绢薄膜革菌 *Pellicularia rolfsii* (Sacc) West.，白纹羽病病原为子囊菌门褐座坚壳菌 *Rosellinia necatrix* (Hart.) Berlese，紫纹羽病病原为担子菌门桑卷担菌 *Helicobasidium mompa* Tanaka Jacz.，根朽病病原为担子菌门发光假蜜环菌 *Armillariella tabescens* (Scop. et Fr.) Sing.，圆斑根腐病病原包括半知菌类的尖镰刀菌*Fusarium oxysporum* Schl.、茄属镰刀菌*Fusarium solani* (Mart.) App. et Wollenw.和弯角镰刀菌*Fusarium camptoceras* Wollen. et Reink。

2. 症状鉴别 桃树染病后，常引起根系和根颈部腐烂，导致树木枯死。五种根部病害的地上症状在发生初期较难鉴别；随病情发展，病树生长显著衰弱，叶形变小，叶色褪绿变黄；病情进一步发展，侧枝失水皱缩，枝梢的先端或细小枝条开始枯死，最后引起全株死亡。果树从发病到死亡所需时间常随着树龄和果园条件不同而有差异，苗期染病者往往当年就死亡，大树染病一般需经一两年或数年才死亡。

(1) 白绢病：主要发生于靠近地面的根颈部，又称茎基腐病。发病初期，根颈表面形成白色的菌丝体，表皮呈现水渍状褐色病斑。菌丝继续生长，直至根颈部覆盖如丝绢状的白色菌丝层，故名白绢病。在潮湿条件下，菌丝层能蔓延至病部周围的地面。病情进一步发展，根颈部的皮层腐烂，并溢出褐色汁液，有酒糟味。后期，在病部或附近的地表裂缝中长出许多棕褐色或茶褐色油菜籽状的菌核，这时植株地上部逐渐衰弱死亡。

(2) 白纹羽病：根系被害初期，细根霉烂，后扩展到侧根和主根，病根表面缠绕有白色或灰白色的丝网状菌索；后期，烂根的柔软组织全部消失，外部的栓皮层如鞘状套于木质部外面，有时在病根木质部长出黑色圆形的菌核，近地面根际处出现灰白色或灰褐色的绒布状菌丝膜。(图 1-27)

(3) 紫纹羽病：根系霉烂情况与白纹羽病相似，但病根表面缠绕有紫红色的丝网状菌索和绒布状菌丝膜。

(4) 根朽病：主要危害根颈部及主根，也可危害支根。病部的主要特点是皮层内、皮层与木质部之间充满白色至淡黄色的扇状菌丝层和白色菌索，病组织在黑暗处能发出蓝色的荧光。发病初期仅皮层溃烂，后期木质部亦腐朽。高温多雨季节，在阴暗潮湿的病树根颈部位或露出地面的病根上，常有丛生的蜜黄色蘑菇状子实体长出，与病根对应的枝条死亡。(图 1-28)

(5) 圆斑根腐病：病树的须根最先变褐枯死，逐渐蔓延到支根，围绕须根基部形成红褐色圆斑。病斑逐渐扩大融合，深达木质部，致整段根变黑死亡。病变由须根、小根逐渐向大根蔓延。在病害发展过程中，病根反复形成愈伤组织并产生新根，致使病健组织交错，表面凹凸不平，呈现本病特有的根部症状。

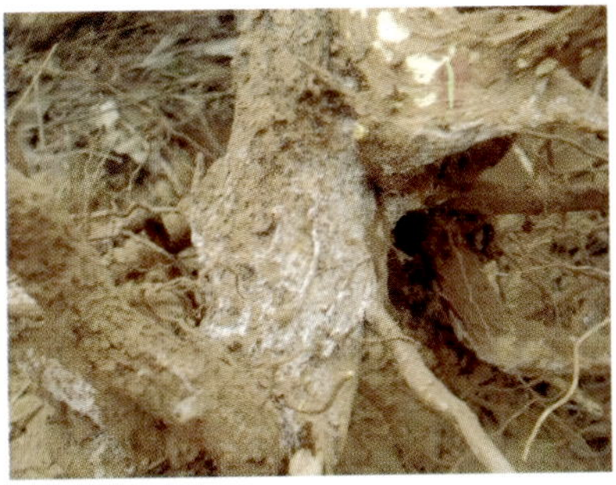

图 1-27 桃树白纹羽病

图 1-28 桃树根朽病

3. 发病规律

(1) 白绢病菌：以菌丝体在病树根颈部或以菌核在土中越冬。病菌从根颈部伤口或嫁接处侵入，造成颈部的皮层及木质部腐烂。病菌通过灌溉水、农事操作及苗木移栽传播。

(2) 白纹羽和紫纹羽病菌：以菌丝体、根状菌索或菌核随着病根遗留在土壤里越冬。环境条件适宜时，由菌核或根状菌索上长出营养丝，首先侵害果树新根的柔软组织；被害细根软化腐朽以至消失后，逐渐延及粗大主根。白纹羽和紫纹羽病菌主要依靠病健根的接触而传染，灌溉水和农事操作也能传病。病菌可在土壤中生存多年，并能横向扩展，侵害邻近的健根。

(3) 根朽病菌：以菌丝体在病树根部或随病残体在土壤中越冬。只要病残体不腐烂分解，病菌就可长期存活。病菌主要依靠病健根的接触和病残组织的转移传病。

(4) 圆斑根腐病菌属的三种镰刀菌：主要存活于土壤中，以腐生方式生活，致病力不强。

几种病菌的寄主范围很广，可危害多种果树和林木，故旧林地改建果园者，发病严重。刺槐是紫纹羽病菌的重要寄主，接近刺槐的桃园易发生紫纹羽病。土壤黏重、排水不良、土壤有机质缺乏、树势衰弱、定植过深或培土过厚、耕作不慎伤害根部较多的果园和苗圃发病重。

4. 防治要点

(1) 农业防治

1) 科学定植：苗木定植时，接口要露出土面，以防土壤中的白绢病菌从接口处侵入。

2) 加强果园管理，培育壮树：增施有机肥料，合理灌排水，既防止病菌生长蔓延，又可促进土壤中抗生菌的繁殖，抑制病菌的生长，并促使果树根系生长旺盛，提高抗病力。

3）不用刺槐作防护林：紫纹羽病往往通过刺槐传播到果园，因此不要用刺槐作为防护林。若有刺槐根已进入果园，应彻底挖除。

4）果园内不要间作感病植物：如甘薯、马铃薯、大豆、瓜类及茄科等多种蔬菜，以防相互传染。

5）开沟封锁病株：果园初见病树时，即在病树周围开沟，避免病根与邻近果树的健根接触，防止病害蔓延。

（2）药剂防治

1）选栽无病苗木及苗木消毒：苗木出圃时，要进行严格检查，发现病苗应予以淘汰。对有染病嫌疑的苗木，可将根部放入70%甲基托布津500倍液中浸渍10分钟，然后栽植。

2）病树的治疗处理：经常检查树体地上部的生长情况，如发现果树生长衰弱、叶形变小或叶色褪绿等症状，及时扒开根部周围土壤进行检查，确定根部有病后，根据病害种类进行不同的处理。如是白绢病，应先将根颈部病斑用刀彻底刮除，并用401抗菌剂50倍液或1%硫酸铜液消毒伤口，外涂伤口保护剂，再于根部土壤上浇灌药液或撒施药粉防治。如是白纹羽病、紫纹羽病或根朽病，则应将已霉烂的根切除，再浇灌药液或撒施药粉。刮除的病部和切除的霉根及从根颈周围扒出的土壤要携出果园之外，并换上无病菌的新土覆盖根部。

应用的药剂种类及浓度：用40%五氯硝基苯粉剂1千克加细干土40～50千克混匀后撒施于根颈部土壤中，防治白绢病、白纹羽病和根朽病；使用浓度为70%甲基托布津可湿性粉剂600倍液，防治白纹羽病和紫纹羽病，每株用药量参照上述处理。此外，可用50%代森锌500倍液或50%退菌特250～300倍液、硫酸铜100倍液、10%石灰乳，浇灌病根部周围土壤防治。

病株处理可在4～5月或9月进行，也可以在果树休眠期进行，但要避免在7～8月高温干燥的夏季扒土施药。病树处理后，应增施肥料，如尿素和腐熟的人尿等，以促使新根产生，加快树势恢复。

二十四、桃树根结线虫病

1．病原 为多种根结线虫引起：南方根结线虫 *Meloidogyne incognita* (Kofoid and White) Chitwood、爪哇根结线虫 *Meloidogyne javanica* (Treub) Chitwood、北方根结线虫 *Meloidogyne hapla* Chitwood 和花生根结线虫 *Meloidogyne arenaria* (Neal) Chitwood。主要危害桃树根系。

2. 症状鉴别　主要危害根。在生长的细根上寄生很多火柴头或米粒大小的瘤子，且接连不断地形成根瘤，有的根瘤重叠，致发生新根能力锐减，根变细变硬，严重时丧失发生新根的能力而干枯。地上部症状起初不明显，发生严重时新梢生长不良，果小而少，着色提早。（图 1-29）

图 1-29　桃树根结线虫病

3. 发病规律　几种根结线虫均以卵或幼虫在土壤里越冬。翌年 4 ~ 5 月，幼虫从新根根尖侵入寄主，在根里生长发育，8 月上旬形成明显的瘤子；8 月下旬后在瘤子里产卵；初孵化的幼虫又侵害新根，并在原根附近形成新的根瘤；秋末，以成虫、幼虫或卵在根瘤中越冬；翌年 5 月开始活动，并发育成下一虫态。根结线虫 2 年发生 3 代。根结线虫在土壤中随根横向或纵向扩展，多数生活在土壤耕作层内，有的可深达 2 ~ 3 米，最适应沙土、沙壤土和壤土等粗结构的土壤。天气干燥的 9 月为雌成虫产卵高峰。其寄主范围很广，可在果园的许多宽叶杂草和覆盖作物的根部寄生。

4. 防治要点

（1）检疫：对外来苗木严格检疫，不栽植带病苗。

（2）农业防治：培肥果园地力，增施有机肥，合理整形修剪，培育壮树，提高树体忍耐线虫危害的能力；冬前落叶后或 2 月，挖除病株土壤表层的病根和须根团，保留水平根及较粗大的根，然后每株均匀施石灰 1.5 ~ 2.5 千克，并增施有机肥料，可促使树体复壮。

（3）药剂防治：用 50% 辛硫磷乳油 800 倍液或 1.8% 阿维菌素乳油 2000 ~ 3000 倍液喷洒土壤；将 50% 辛硫磷乳油以每 667 平方米 1 ~ 1.5 千克的比例拌入有机肥，施入土中，或制成毒土撒施后，翻入深 3 ~ 5 厘米土壤中。

第二章

桃害虫鉴别与无公害防治

一、桃蛀螟

桃蛀螟属鳞翅目，螟蛾科。学名：*Dichocrocis punctiferalis* Guenee，又名桃蛀野螟、桃斑螟、桃实螟、桃果蠹、桃蠹螟、桃蠹心虫、桃蛀心虫、桃实虫、桃野螟蛾、桃斑纹野螟蛾、果斑螟蛾、豹纹蛾、豹纹斑螟，分布全国各产区，危害桃、杏、石榴、山楂、板栗、柿等果树的果实。

1. 危害特点 幼虫从果与果、果与叶、果与枝的接触处钻入果实危害。果实内充满虫粪，致果实腐烂，并造成落果或干果挂在树上。(图 2-1)

2. 形态鉴别 成虫：体长 10～12 毫米，翅展 24～26 毫米，全体金黄色；胸、腹部及翅上都具有黑色斑点；触角丝状；雌蛾腹部末节呈圆锥形，雄蛾腹部末端有黑色毛丛。卵：椭圆形，长 0.6～0.7 毫米，乳白色至红褐色。幼虫：体长 22～25 毫米；头部暗黑色，胸部暗红色、淡灰色或浅灰蓝色，腹面淡绿色，前胸背板深褐色；中、后胸及一至八腹节各有排成 2 列的大小毛片 8 个，前列 6 个后列 2 个。蛹：褐色或淡褐色，长约 13 毫米。(图 2-2，图 2-3)

图 2-1　桃蛀螟危害桃果状

图 2-2　桃蛀螟成虫

图 2-3　桃蛀螟幼虫

3. 发生特点　黄淮地区年发生 4 代，以老熟幼虫或蛹在僵果中、树皮裂缝、堆果场及残枝败叶中越冬。4 月上旬越冬幼虫化蛹，下旬羽化产卵；5 月中旬发生第一代；7 月上旬发生第二代；8 月上旬发生第三代；9 月上旬发生第四代，尔后以老熟幼虫或蛹越冬。成虫昼伏夜出，对黑光灯趋性强，对糖醋液也有趋性。卵散产于两果相并处和枝叶遮盖的果面或梗洼上，卵期 7 天左右。幼虫世代重叠严重，尤以第一、二代重叠常见，以第二代危害重。

4. 防治要点

（1）农业防治：冬、春季节彻底清理树上、树下干僵果及园内枯枝、落叶，并刮除翘裂的树皮，清除果园周围的玉米、高粱、向日葵、蓖麻等遗株深埋或烧毁，消灭越冬幼虫及蛹。

（2）诱杀成虫：在果园内点黑光灯或放置糖醋液诱杀成虫。

（3）种植诱集作物诱杀：根据桃蛀螟对玉米、高粱、向日葵趋性强的特性，在果园内或四周种植诱集作物，集中诱杀。一般每 667 平方米种植玉米、高粱或向日葵 20～30 株。

（4）药剂防治：掌握在桃蛀螟第一、二代成虫产卵高峰期的 6 月 20 日至 7 月 30 日间喷药，施药 3～5 次，叶面喷洒 90% 晶体敌百虫 800～1000 倍液或 20% 杀灭菊酯乳油 1500～2000 倍液、2.5% 溴氰菊酯乳油 2000～3000 倍液、50% 辛硫磷乳剂 1000 倍液。

二、桃小食心虫

桃小食心虫属鳞翅目，蛀果蛾科。学名：*Carposina niponensis* Walsingham，又名桃蛀果蛾、桃小实虫、桃蛀虫、桃小食蛾、桃姬食心虫，简称“桃小”，俗称“豆沙馅”、“枣蛆”，全国各产区均有分布，危害桃、石榴、苹果、枣、梨、山楂、李等果实。

1. 危害特点　幼虫从果实胴部蛀入，蛀孔流出泪珠状果胶，不久干涸，蛀孔愈合成小黑点略凹陷。幼虫入果后在果内乱窜，排粪于其中，俗称“豆沙馅”，遇雨极易造成烂果。

2. 形态鉴别　成虫：体灰褐

色或灰白色；雌虫体长7～8毫米，翅展16～18毫米；雄虫体长5～6毫米，翅展13～15毫米；前翅近前缘中部处有1个近三角形的黑色大斑，后翅灰色；触角丝状。卵：深红色，竖椭圆形或桶形，以底部黏附在果实上，端部环生2～3圈“Y”形生长物。幼虫：体长13～16毫米，幼龄体色黄白色或白色，成龄桃红色。蛹：体长6.5～8.6毫米，淡黄白色至黄褐色。茧：越冬茧扁圆，长约6毫米；夏茧纺锤形，长约13毫米，均由幼虫吐丝缀合细土粒而成。(图2-4)

图2-4　桃小食心虫幼虫

3. 发生特点　年发生1～2代，以老熟幼虫在土内作冬茧越冬。翌年5月上、中旬越冬幼虫开始出土，6～7月越冬成虫羽化。成虫昼伏夜出，无趋光性和趋化性。成虫产卵于果实上，卵期8天左右。初孵幼虫蛀入果内危害，第一代幼虫危害期为6月下旬至8月。幼虫老熟后，咬一圆孔，爬出孔口直接落地，结茧化蛹继续发生第二代或入土结茧越冬。脱果幼虫多集中于树干基部背阴面距树干0.3～1米范围内、深度3厘米左右的土层内结冬茧越冬。

4. 防治要点

（1）诱捕器诱杀：应用桃小食心虫性信息素橡胶芯载体制成水碗式诱捕器，悬挂在桃园内，诱杀雄蛾。

（2）农业防治：于5月前在树干周围1米范围内培以30厘米厚的土并踩实，或覆盖农膜，将越冬幼虫和羽化成虫闷死于土内。雨季及时扒去培土，以防烂根。

（3）地面药剂防治：于幼虫出土期，在距树干1米范围内施药治虫。每667平方米用50%辛硫磷颗粒剂5～7.5千克或50%辛硫磷乳油0.5千克与50千克细沙土混合均匀撒入树冠下，或用50%辛硫磷乳油800倍液对树冠下土壤喷雾。施用后，需将地面用齿耙搂耙几次，深5～10厘米，使药土混合，提高防治效果。

（4）树上药剂防治：在卵临近孵化时，喷洒2.5%溴氰菊酯乳油3000倍液或20%杀灭菊酯乳油3000倍液、10%氯氰菊酯乳油2000倍液、20%中西除虫菊酯乳油2000倍液等。

三、桃虎象

桃虎象属鞘翅目，卷象科。学名：*Rhynchites faldermanni* Schoenherr，又名杏虎象、桃象甲，分布于全国各桃产区，危害桃、杏、樱桃、李、枇杷、苹果等的果、花、芽。

1. 危害特点　成虫食芽、嫩枝、花、果实，产卵时先咬伤果柄造成果实脱落。幼虫蛀食幼果，致果面上蛀孔累累，流胶，轻者品质降低，重者果实腐烂并落果；幼虫蛀入果内危害，导致果实干腐脱落。

2. 形态鉴别　成虫：体长6～8毫米，宽3～4毫米，体椭圆形，紫红色具光泽，有绿色反光；触角棒状，11节；头长等于或略短于基部宽；鞘翅略呈长方形，两侧平行，端部缩圆或下弯；后翅灰褐色，半透明。卵：长1毫米左右，椭圆形，乳白色。幼虫：乳白色，微弯曲，长10毫米，体表具横皱纹；头部淡褐色，前胸盾与气门淡黄褐色。蛹：裸蛹，长6毫米，椭圆形，密生细毛。(图2-5)

图2-5　桃虎象成虫

3. 发生特点　年发生1代，主要以成虫在土中、树皮缝、杂草内越冬，少数以幼虫越冬。翌年桃花开时成虫出现，成虫危害期长达150天，产卵历期90天，3～6月是主要危害期。成虫怕光，有假死性。产卵时，成虫在果面咬一小孔，产卵于孔中，上覆黑色胶状物，卵期7～8天。幼虫孵化后即蛀入果内危害，一果内最多可达数十头。幼虫期20余天，老熟后脱果入土，多于10～25厘米深的土层中结薄茧化蛹，蛹期30余天。羽化早的成虫当年秋天出土活动，秋末潜入树皮缝、土壤、杂草中越冬；多数成虫羽化后不出土，于茧内越冬。春旱时成虫出土少且推迟，常雨后集中出土。温暖向阳地成虫出土早。

4. 防治要点

(1) 农业防治：成虫出土期清晨震树，下接布单捕杀成虫，每5～7天进行1次；果期及时捡拾落果，集中处理，消灭其中幼虫。

(2) 药剂防治：成虫发生期，树上喷洒90%晶体敌百虫600～800倍液或50%辛硫磷乳油1000倍液、5%来福灵乳油2000～4000倍液、10%氯菊酯乳油1000～1500倍液，10～15天喷洒1次，连喷2～3次；或在成虫出土盛期，地面喷洒25%辛硫磷胶囊剂800倍液毒杀出土成虫。

四、桃仁蜂

桃仁蜂属膜翅目，广肩小蜂科。学名：*Eurytoma maslovskii Nikol*’skaya，又名太谷桃仁蜂，主要分布于辽宁、河北、河南、山西等桃产区，危害桃、杏、李等的果实种仁。

1. 危害特点 幼虫蛀食正在发育的种仁，致被害果逐渐干缩呈黑灰色僵果，大部早期脱落。

2. 形态鉴别 成虫：雌体长7～8毫米，黑色，前翅透明稍带褐色，后翅无色透明，头、胸部密布白色细毛和刻点，触角膝状，前翅近前缘有1条褐色粗脉伸至中部，弯向前缘后分成2条短支，后翅近前缘具1条黄褐色粗脉，腹部肥大近纺锤形；雄体长6毫米，触角膝状，腹部较小，第一节柄状细长，以后各节略呈圆锤状，其他特征同雌虫。卵：椭圆形，长0.35毫米，乳白色，后端有一细长多曲折的卵柄，柄长为卵长的4～5倍。幼虫：体长6～7毫米，乳白色，纺锤形稍扁，向腹面弯曲，无足，头浅黄色，大部缩入前胸内，胴部13节，末节小缩在前节内。蛹：长6～8毫米，略呈纺锤形，乳白色至黑色。(图2-6)

图2-6 桃仁蜂幼虫

3. 发生特点 年发生1代，以老熟幼虫在被害果里越冬。在山西晋中地区，幼虫4月中旬至5月上旬化蛹，蛹期15天。5月中旬成虫始见田间，5月下旬盛发，产卵于核尚未硬化的幼果内，每果只产1粒，每雌可产卵百余粒。幼虫蛀食桃仁40余天，至7月中、下旬老熟，幼虫即在果核里越冬。

4. 防治要点

(1) 农业防治：成虫羽化前彻底清除受害果，集中深埋或烧毁。

(2) 药剂防治：于成虫盛发期喷洒90%晶体敌百虫1000倍液或20%速灭杀丁乳油2000倍液、10%氯菊酯乳油2500倍液防治。

五、李小食叶虫

李小食叶虫属鳞翅目，卷蛾科。学名：*Grapholitha funebrana*

Treitscheke，又名李小蠹蛾，分布于长江以北桃产区，危害桃、杏、李、樱桃等的果实。

1. 危害特点 幼虫蛀果危害，蛀果前在果面吐丝结网，于网下蛀入果内果核附近，取食近核处果肉，自果孔处流出泪珠状果胶，受害果内有大量虫粪。幼果被蛀多脱落，成长果被蛀部分脱落，对产量与品质影响极大。

2. 形态鉴别 成虫：体长 4.5～7 毫米，翅展 11～14 毫米，体背灰褐色，腹面灰白色；前翅狭长，烟灰色，翅面密布小白点，白点在近顶角和外缘处白点排成较整齐的横纹，缘毛灰褐色；后翅淡烟灰色，缘毛灰白色。卵：扁平圆形，长 0.6～0.7 毫米，淡黄色。幼虫：体长 12 毫米左右，桃红色，腹面色淡；头、前胸盾黄褐色，臀板淡黄褐色或桃红色。蛹：长 6～7 毫米，暗褐色。茧：长 10 毫米，纺锤形，污白色。(图 2-7)

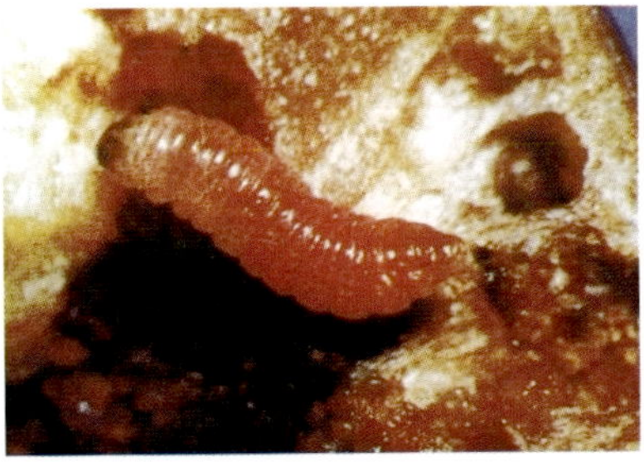

图 2-7 李小食心虫幼虫

3. 发生特点 年发生 1～4 代，多数地区发生 2～3 代，均以老熟幼虫在树干周围土中、杂草等植被下及树皮裂缝中结茧越冬。各地成虫发生期：辽西越冬代 5 月中旬，第一代 6 月中下旬，第二代 7 月中、下旬；山西忻州越冬代 4 月上旬至 5 月上旬，第一代 5 月下旬至 6 月下旬，第二代 6 月中旬至 8 月上旬，第三代 7 月下旬至 8 月下旬。成虫昼伏夜出，有趋光和趋化性。卵散产于果面上，卵期 4～7 天。幼虫孵化后即蛀果，果核未硬直入果心，极易致被害果脱落，部分幼虫蛀果 2～3 天即转果，约经 15 天老熟脱果，于树皮缝、表土内结茧化蛹。第二代幼虫蛀食果肉致蛀孔流胶，被害果多不脱落，幼虫危害 20 余天老熟脱果，部分结茧越冬，发生 3 代者继续化蛹。第三至四代幼虫多从果梗基部蛀入，多致被害果早熟脱落。末代幼虫老熟后脱果结茧越冬。天敌有食心虫白茧蜂等 4 种。

4. 防治要点

(1) 利用黑光灯、糖醋液诱杀成虫；利用天敌防治害虫。

(2) 桃树落花后越冬代成虫羽化出土前防治：树盘压土 6～10 厘米厚，拍实，使成虫不能出土，羽化完毕及时撤土，防止果树翻根；或在树冠下干周半径 1 米范围内地面撒药，毒杀羽化成虫，可喷洒 50% 辛硫磷乳油 1000 倍液，20% 杀灭菊酯乳油或 2.5% 敌杀死乳油 2000 倍液。

（3）卵盛期至幼虫孵化初期药剂防治：喷洒 25% 灭幼脲 3 号悬浮剂或 50% 杀螟松乳油、25% 苏脲 1 号 1000 倍液，5.7% 百树菊酯乳油 3000 倍液。

六、苹果蠹蛾

苹果蠹蛾属鳞翅目，小卷叶蛾科。学名：*Laspeyresia pomonella* Linnaeus，又名食心虫，分布在新疆全境和甘肃敦煌，为对内、对外的重要检疫对象，危害桃、杏、苹果、石榴等的果实。

1. 危害特点 幼虫蛀食果实，多从果实胴部蛀入，深达果心食害种子，也蛀食果肉，造成大量落果。虫粪排至果外，有时成串挂在果上。

2. 形态鉴别 成虫：体长约 8 毫米，翅展 19～20 毫米，全体灰褐色，略带紫色金属光泽；前翅臀角具深褐色大斑，有 3 条青铜色条纹，翅基部褐色，略成三角形，杂有颜色较深的波状斜行纹，翅中部淡褐色，杂有褐色斜纹。卵：椭圆形，径 1.2 毫米左右。幼虫：体长 14～18 毫米，淡红色或红色。蛹：长 7～10 毫米。（图 2-8）

图 2-8 苹果蠹蛾幼虫

3. 发生特点 年发生 2～3 代，以老熟幼虫在树皮缝隙、分枝处和各种包装材料上作茧越冬。在伊宁地区各代成虫发生期为：越冬代 5～6 月；第一代 7～8 月；第二代 9 月。成虫昼伏夜出，有趋光性。成虫羽化后不久即可产卵，多散产于果树上层果实及叶片上，卵期 5～25 天。初孵幼虫多从果实梗洼处蛀入，幼虫期 30 天左右。幼虫可转果危害。天敌有广赤眼蜂等。

4. 防治要点

（1）加强检疫：对新疆出境的桃、杏、石榴、苹果、梨等果实及包装物严格检疫，严防该虫传播。

（2）农业防治：保持果园清洁，随时清理地下落果；冬、春季刮刷老树皮，并以石灰水涂干，消灭越冬幼虫；树干基部束草把或破布，诱集幼虫入内化蛹捕杀之。

（3）药剂防治：在卵临近孵化时，喷洒 2.5% 溴氰菊酯乳油 3000 倍液或 20% 杀灭菊酯乳油 3000 倍液、10% 氯氰菊酯乳油 2000 倍液、

20% 中西除虫菊酯乳油 2000 倍液等。

七、枯叶夜蛾

枯叶夜蛾属鳞翅目，夜蛾科。学名：*Adris tyrannus* Guenee，又名通草木夜蛾，分布全国各产区，危害桃、杏、苹果、柑橘、柿、通草等的果实和叶。

1. 危害特点　成虫刺吸果汁；幼虫吐丝缀叶潜伏危害。

2. 形态鉴别　成虫：体长 35～38 毫米，翅展 96～106 毫米；头胸部棕褐色，腹部杏黄色；触角丝状；前翅色似枯叶，从顶角至后缘内凹处有 1 条黑褐色斜线，翅脉上有许多黑褐色小点，翅基部及中央有暗绿色圆纹；后翅杏黄色，中部有 1 个肾形黑斑，亚端区有 1 条牛角形黑纹。卵：扁球形，直径 1 毫米左右，乳白色。幼虫：体长 57～71 毫米；头部红褐色，体黄褐色或灰褐色；第一、二腹节常弯曲，第八腹节隆起，将第七至十腹节连成山峰状，第二、三腹节亚背面各有 1 个眼形斑，中黑色并具月牙形白纹，各体节布有许多不规则白纹。蛹：长 31～32 毫米，红褐色至黑褐色。（图 2-9，图 2-10）

3. 发生特点　年发生 2～3 代，多以成虫越冬，温暖地区有以卵和中龄幼虫越冬者，发生期重叠。成虫多在 7～8 月危害，昼伏夜出，有趋光性，喜食香甜味浓的果实，7 月前危害桃、杏等早、中熟果实，后转危害苹果、梨、葡萄等。成虫寿命较长，产卵于叶背。幼虫吐丝缀叶潜伏危害，老熟后缀叶结薄茧化蛹。

4. 防治要点

（1）农业防治：果实套袋防虫；在果园四周挂有香味的烂果诱集，晚 22 时后捕杀成虫。

（2）设置高压汞灯诱杀成虫。

（3）药剂防治：用果醋或酒糟液加红糖适量配成糖醋液，加

图 2-9　枯叶夜蛾成虫

图 2-10　枯叶夜蛾幼虫

0.1%晶体敌百虫几滴，诱杀成虫；或用早熟的去皮果实扎孔浸泡在敌百虫50倍液中，1天后取出晾干，再放入蜂蜜水中浸泡半天，晚上挂在果园里诱杀取食成虫。

八、白星花金龟

白星花金龟属鞘翅目，花金龟科。学名：*Liocola brevitarsis* Lewis，又名白纹铜花金龟、白星花潜、白星金龟子、铜克螂，分布全国各果区，危害桃、杏、苹果、李、柑橘、柿等果树的果实和根系。

1. 危害特点 成虫主危害花和果实，食花致花腐烂，果实近成熟时昼夜啃食果实致果肉腐烂；幼虫俗称蛴螬，危害果树根系。

2. 形态鉴别 成虫：体长17～24毫米，宽9～12毫米，椭圆形，具古铜或青铜色光泽，体表散布众多不规则白绒斑；触角深褐色；前胸背板具不规则白绒斑；前胸背板后角与鞘翅前缘角之间有1个三角片甚显著；鞘翅宽大，近长方形，白绒斑多为横向波浪形；臀板短宽，每侧有3个白绒斑呈三角形排列。(图2-11)

图2-11 白星花金龟成虫

3. 发生特点 年发生1代，以幼虫于中越冬。成虫于5月上旬出现，6～7月为发生盛期，白天活动，有假死性，对酒醋味有趋性，飞行力强，常群聚危害花、果，产卵于土中。幼虫（蛴螬）多以腐败物为食，并危害根系。天敌有多种鸟类、深山虎甲、粗尾拟地甲、寄生蜂、寄生蝇、寄生菌等。

4. 防治要点 此虫虫源来自多方，应以消灭成虫为主。

（1）农业和生物防治：早、晚张网震落成虫；保护、利用天敌；果园施用腐熟有机肥，减少幼虫的发生。

（2）挂细口瓶捕杀：在距地面1～1.5米高的树枝上挂细口瓶，瓶里放入2～3个白星花金龟，引诱田间白星花金龟飞到瓶口附近爬行并掉入瓶中，每667平方米挂瓶40～50个，捕杀效果优异。

（3）药剂防治：成虫发生期，树上喷洒52.25%农地乐乳油或50%杀螟松乳油、45%马拉硫磷乳油1500倍液，或48%乐斯本乳油、20%甲氰菊酯乳油1500倍液。

九、桃　蚜

桃蚜属同翅目，蚜科。学名：*Myzus persicae*（Sulzer），又名烟蚜、菜蚜，分布于全国各桃区，主要危害桃、杏、李等果树的芽、叶、嫩梢。

1. 危害特点　成、若虫群集芽、叶、嫩梢上刺吸汁液，致被害叶向背面不规则卷曲皱缩。排泄物易诱发煤污病或传播病毒病。（图2-12）

2. 形态鉴别　有翅胎生雌蚜体长1.6～2.1毫米，翅展6.6毫米，头胸部、腹管、尾片均黑色，腹部淡绿色、黄绿色、红褐色至褐色变异较大，腹管细长圆筒形；无翅胎生雌蚜体长1.4～2.6毫米，宽1.1毫米，绿色、黄绿色、淡粉红色至红褐色。卵：长0.7毫米，长椭圆形，初淡绿色，后变为黑色。若蚜：似无翅胎生雌蚜，淡粉红色，体较小；有翅若蚜胸部发达，具翅芽。（图2-13）

3. 发生特点　北方年发生20～30代，南方年发生30～40代。北方以卵于桃、李、杏等越冬寄主的芽旁、裂缝、小枝杈等处越冬。春季寄主萌芽时越冬卵开始孵化，新孵化的蚜虫群集芽、叶背、嫩梢上危害、繁殖。5月上旬繁殖最快，危害最盛，并陆续产生有翅胎生雌蚜飞往果树、烟草、棉花、十字花科植物等夏寄主上危害繁殖；5月中旬以后桃、苹果、梨等越冬寄主上基本绝迹；10月产生有翅蚜迁回越冬寄主上，并产生有性蚜，交配后产卵越冬。在南方，桃蚜冬季也可行孤雌生殖。天敌有瓢虫、草蛉、食蚜蝇、蚜茧蜂、寄生蜂等。

图2-12　桃蚜

图2-13　桃蚜危害桃卷叶

4. 防治要点

（1）农业防治：冬、春季修剪时剪除被害枝梢，集中烧毁；不宜在桃树行间或果园附近种植烟草、白菜等农作物，及时清除桃园内外杂草，以减少蚜虫的夏季繁殖场所。

（2）保护利用天敌：尽量少喷洒广谱性农药，避免在天敌多的时期喷洒农药，利用天敌控制蚜虫的发生。

（3）药剂防治：桃树休眠期，树体喷洒50%丙硫磷乳油1000倍液或99%绿颖乳油（机油乳剂）100倍液，杀灭越冬卵效果好，且对天敌安全。春季越冬卵孵化后、桃树未开花和卷叶前，及时喷洒50%辟蚜雾（抗蚜威）可湿性粉剂2000倍液或10%吡虫啉（一遍净）可湿性粉剂3000倍液、50%马拉硫磷乳油1000倍液，花后至初夏可根据虫情再喷药1～2次。

十、桃纵卷瘤头蚜

桃纵卷瘤头蚜属同翅目，蚜科。学名：*Tuberocephalus momonis* (Matsumura)，又名桃瘤头蚜，分布于国内各桃产区，危害桃、李、杏、樱桃等果树的叶、芽。（图2-14）

1. 危害特点 成虫、若虫群集叶背刺吸汁液，致使叶缘向背面纵卷成管状，被卷处组织肥厚、凹凸不平，初淡绿，后呈桃红色，严重时全叶卷曲紧似绳状，最终导致干枯或脱落。

2. 形态鉴别 有翅胎生雌蚜体长1.8毫米，翅展5.1毫米，浅黄褐色，触角丝状，略与体等长，腹管圆柱形，中部略膨大，有黑色覆瓦状纹，翅透明，翅脉黄色；无翅胎生雌蚜体长约2毫米，头黑色，中胸两侧具小瘤状突起，腹部背面有黑色斑纹，体为深绿、黄绿、黄褐等色，腹管同有翅胎生雌蚜。卵：椭圆形，黑色。若蚜：与无翅胎生雌蚜相似，体较小，淡黄色或浅绿色，头部和腹管深绿色；有翅若蚜胸部发达，有翅芽。（图2-15）

图2-14 桃纵卷瘤头蚜危害桃叶

图2-15 桃纵卷瘤头蚜成虫

3．发生特点 北方年发生10余代，南方年发生30余代，以卵在桃、樱桃等枝条的芽腋处越冬。南京地区3月上旬越冬卵开始孵化，3～4月大发生，4月底产生有翅蚜迁到艾草等夏寄主上，10月下旬重返桃等果树危害繁殖，11月上旬产生有性蚜交配产卵越冬。北方桃区5月始见蚜虫危害，6～7月大发生，并产生有翅胎生雌蚜迁飞至艾草等寄主上，10月又迁回桃、樱桃等果树上，产生有性蚜，交尾产卵越冬。天敌有瓢虫、草蛉、食蚜蝇、蚜茧蜂、寄生蜂等。

4．防治要点 参考桃蚜。最好在卷叶前喷药，或喷洒内吸性强的药剂，以提高防治效果。

十一、桃粉蚜

桃粉蚜属同翅目，蚜科。学名：*Hyalopterus amygdale* Blanchard，又名桃大尾蚜、桃粉绿蚜，分布于华北、华东、东北各桃产区，危害桃、杏、李等果树的新梢和叶。

1．危害特点 成虫、若虫群集于新梢和叶背刺吸汁液，致被害叶失绿并向叶背对合纵卷，卷叶内积有白色蜡粉，严重时叶片早落，嫩梢干枯。排泄蜜露常致煤污病发生。

2．形态鉴别 有翅胎生雌蚜体长2～2.1毫米，翅展6.6毫米左右，头胸部暗黄色至黑色，腹部黄绿色，体被白蜡粉，触角丝状，腹管短小、黑色，基部1/3收缩，尾片较长大，有6根长毛；无翅胎生雌蚜体长2.3～2.5毫米，体绿色，被白蜡粉，腹管短小、黑色，尾片长大，有曲毛5～6根。卵：椭圆形，长0.6毫米，黄绿色至黑色。若蚜：体小，绿色，与无翅胎生雌蚜相似，被白粉；有翅若蚜有翅芽。（图2-16）

图2-16 桃粉蚜

3．发生特点 一年发生10～20代，北京地区年发生10余代，南昌地区年发生20代，以卵在杏、桃等冬寄主的芽腋、裂缝及短枝杈处越冬。冬寄主萌芽时越冬卵开始孵化，产生无翅胎生雌蚜，群集于嫩梢、叶背危害繁殖，5～6月繁殖最盛，危害严重，大量产生有翅胎生雌蚜，迁飞至禾本科夏寄主上繁殖危害，10～11月产生有翅蚜返回冬寄主上危害，并产生有性蚜交尾、产卵越冬。

4. 防治要点 参考桃蚜。药剂防治中，可在药液中加入0.3%洗衣粉，增加展着性，提高防治效果。

十二、桃潜叶蛾

桃潜叶蛾属鳞翅目，潜蛾科。学名：*Lyonetia clerkella* (Linnaeus)，又名桃潜蛾，分布全国各地，危害桃、李、杏、樱桃、苹果、山楂等树的叶。

1. 危害特点 幼虫在叶肉里蛀食出弯曲隧道，致叶片破碎，干枯脱落。

2. 形态鉴别 成虫：体长3毫米，翅展8毫米左右，银白色，触角丝状；前翅白色，狭长，中室端部有1个椭圆形黄褐色斑，外侧具黄褐色三角形端斑1个；后翅灰色，缘毛长。卵：圆形，长0.5毫米，乳白色。幼虫：体长6毫米，淡绿色，头淡褐色，胸足短小、黑褐色，腹足极小。蛹：长3～4毫米，细长，淡绿色。茧：长椭圆形，白色，两端具长丝，黏附于叶背。（图2-17）

图2-17 桃潜叶蛾幼虫潜叶状

3. 发生特点 河南年发生7～8代，以蛹在被害叶上的茧内越冬，翌年4月桃展叶后成虫羽化。北京平谷年发生6代，以成虫越冬。成虫昼伏夜出，卵散产在叶表皮内。幼虫孵化后在叶肉里潜食，初串成弯曲似同心圆的蛀道，常致叶片枯死脱落成孔洞，后线状弯曲也多破裂，粪便充塞蛀道中。幼虫老熟后钻出，多于叶背中部吐丝结茧化蛹。5月上旬始见第一代成虫，后每20～30天完成一代，发生期不整齐。10～11月以成虫或以末代幼虫于叶上结茧化蛹越冬。

4. 防治要点

（1）农业防治：冬、春季清除园内落叶和杂草，集中处理，消灭越冬蛹和成虫。

（2）药剂防治：桃树花芽膨大期叶芽尚未开放，越冬代成虫已出蛰群集在主干或主枝上，及时喷洒50%敌敌畏乳油1000倍液对压低当年虫口数量起有决定性作用。桃树春梢展叶期，喷洒20%灭扫利乳油或52.25%农地乐乳油1500～2000倍液、25%喹硫磷乳油1500倍液，5月下旬出蛾高峰期喷25%灭幼脲3号悬浮剂1500倍液，以防治一代幼虫。8月中、下旬叶面喷洒25%灭幼脲3号悬浮剂2000倍液或80%敌敌畏乳油1000倍液、5%高效氯氰菊酯乳油1500倍液。

十三、桃斑蛾

桃斑蛾属鳞翅目，斑蛾科。学名：*Illiberis psychina* Oberthur，又名红褐星毛虫、梅黑透羽、杏叶斑蛾，分布于长江以北桃产区，危害桃、杏、李、梅、樱桃、山楂、梨、柿等树的芽、叶、花。

1. 危害特点　幼虫食芽、花、叶，早春蛀萌动的芽致枯死，发芽后危害花、嫩芽和叶，食叶成缺刻和孔洞，严重者将叶片吃光。

2. 形态鉴别　成虫：体长7～10毫米，翅展21～23毫米，体黑褐色具蓝色光泽；翅半透明，布黑色鳞毛；雄虫触角羽毛状，雌虫触角短锯齿状。卵：椭圆形，长0.7毫米，白色至黄褐色。幼虫：体长13～16毫米，近纺锤形，背暗赤褐色，腹面紫红色；头小，黑褐色，大部分缩于前胸内，取食或活动时伸出；腹部各节具横列毛瘤6个，中间4个大，毛瘤中间生很多褐色短毛，周生黄白色长毛。蛹：椭圆形，淡黄色至黑褐色。茧：椭圆形，丝质稍薄，淡黄色。(图2-18)

图2-18　桃斑蛾幼虫

3. 发生特点　年发生1代，以初龄幼虫在树皮缝、枝杈及贴枝叶下结茧越冬。桃芽萌动时幼虫出蛰活动，先蛀芽，后危害蕾、花及嫩叶。幼虫3龄后白天下树，潜伏到树干基部附近的土、石块及枯草落叶下、树皮缝中，晚上上树取食叶片。5月中旬幼虫老熟后在树干周围的各种植被下、皮缝中结茧化蛹。6月上旬成虫羽化。卵多块产在树冠中、下部老叶背面，卵期10～11天。第一代幼虫于6月中旬出现，啃食叶片表皮或叶肉，致被害叶呈纱网状斑痕。幼虫受惊扰后吐丝下垂7月上旬幼虫结茧越冬。天敌有金光小寄蝇、常怯寄蝇、梨星毛虫黑卵蜂、潜蛾姬小蜂等。

4. 防治要点

（1）农业防治：果树休眠期彻底刮除树体粗皮、翘皮、剪锯口周围死皮，消灭越冬幼虫；幼虫发生期在树干基部铺瓦片、碎砖等诱集幼虫，集中杀灭。

（2）利用天敌防治。

（3）药剂防治：落叶后，用80%敌敌畏乳油或50%马拉硫磷乳油200倍液封闭剪锯口和树皮裂缝，消灭越冬幼虫。幼虫危害期，于日落前在树干周围喷洒48%乐斯本乳油500倍液或50%丙硫磷乳油800倍液。树上喷洒50%马拉硫磷乳油或40%辛硫磷乳油1000倍液，2%罗速发乳油或20%速灭杀丁乳油1500～2000倍液。

十四、桃天蛾

桃天蛾属鳞翅目，天蛾科。学名：*Marumba gaschkewitschi* (Bremer et Grey)，又名枣桃六点天蛾。全国多数桃产区有分布。危害桃、杏、樱桃、李、等果树叶。

1. 危害特点 幼龄幼虫将叶片食成孔洞或缺刻；稍大的幼虫常将叶片吃掉大半，甚至吃光。

2. 形态鉴别 成虫：体长36～46毫米，翅展82～120毫米，体、翅黄褐色至灰褐色；前胸背板棕黄色，腹部各节间有棕色横环；前翅有4条深褐色波状横带，后缘近后角处有1个黑斑，其前方有1个小黑点；后翅枯黄色至粉红色，近臀角处有2个黑斑；前翅腹面粉红色，后翅腹面灰褐色。卵：椭圆形，长约1.6毫米，绿色，有光泽。幼虫：体长80～84毫米，绿色或黄褐色；头部三角形，青绿色，每节两侧各有1条黄白色斜条纹，第8腹节背面后缘有一很长的斜向后方的尾角。蛹：长约45毫米，黑褐色。(图2-19)

图2-19 桃天蛾幼虫

3. 发生特点 东北和华北部分地区年发生1代，黄淮地区年发生2代，以蛹在土中越冬。1代区：成虫于6月羽化，7月上旬出现幼虫，危害至9月，老熟后入土化蛹越冬。2代区：5月中旬至6月中旬羽化，第一代幼虫5月下旬至7月发生，第一代成虫7月发生；第二代幼虫7月下旬发生，危害至9月，入土化蛹越冬。成虫昼伏夜出，有趋光性。卵多产于树皮裂缝中。幼虫体大，食量也大，暴食叶片。老熟幼虫多在树冠下疏松土壤4～7厘米深处做土室化蛹。幼虫天敌有寄生蜂等。

4. 防治要点

（1）农业防治：冬、春季深

翻树盘，利用低温或鸟食消灭土中越冬蛹。幼虫发生期经常检查，发现危害及时捕捉消灭。成虫发生期设置黑光灯诱杀成虫。

(2) 药剂防治：在幼虫初孵期及时喷洒 48% 乐斯本乳油或 50% 杀螟松乳油、70% 马拉硫磷乳油 1000 倍液，或 20% 速灭杀丁乳油 3000～3500 倍液、52.25% 农地乐乳油 1500 倍液。

十五、桃白条紫斑螟

桃白条紫斑螟属鳞翅目，螟蛾科。学名：*Calguia defiguralis* Walker，又名桃白纹卷叶螟，分布于山西、河南等省，危害桃、杏、李、樱桃等核果类果树的嫩梢和叶。

1. 危害特点 幼虫食叶。初龄幼虫啃食下表皮和叶肉，稍大在梢端吐丝拉网缀叶成巢，常数头至十余头群集巢内食叶成缺刻与孔洞，虫巢随虫龄增长而扩大。丝网上常黏附许多粪粒。此外，亦有单独卷缀叶片危害者。

2. 形态鉴别 成虫：体长 8～10 毫米，翅展 18～20 毫米，体灰色至暗灰色，各腹节后缘淡黄褐色；触角丝状，雄虫鞭节基部有暗灰色至黑色长毛丛，略呈球形；前翅暗紫色，基部 2/5 处有 1 条白横带；后翅灰色，外缘色暗。卵：扁长椭圆形，长 0.8～0.9 毫米，淡黄白色至淡紫红色。幼虫：体长 15～18 毫米，头灰绿色有黑斑纹，体多为紫褐色，前胸盾灰绿色，背线宽，黑褐色，两侧各具 2 条淡黄色云状纵线，臀板暗褐色或紫黑色；低、中龄幼虫体多为淡绿色至绿色，头部有浅褐色云状纹，背线深绿色，两侧各有 2 条黄绿色纵线。蛹：长 8～10 毫米，头胸和翅芽翠绿色，腹部黄褐色，背线深绿色。茧：纺锤形，长 11～13 毫米，丝质，灰褐色。（图 2-20）

图 2-20 桃白条紫斑螟幼虫

3. 发生特点 一年发生 2 代，多以茧蛹于树冠下表土层越冬，少数于皮缝和树洞中越冬。越冬代成虫 5 月上旬到 6 月中旬羽化，第一代成虫发生期为 7 月上旬至 8 月上旬。成虫昼伏夜出，有趋光性。卵多散产于枝条上部叶背近基部主脉两侧，单叶落卵多者 10 余粒，卵期 15 天左右。第一代幼虫 5 月下旬开始孵化，6 月下旬开始老熟入土结茧化蛹，蛹期15天左右。第二代卵期10～13天，7月中旬开始孵化，8月中旬开始老熟入土结茧化蛹越冬。成虫寿命2～13天。天敌有赤眼蜂、寄生蜂等。

4．防治要点

（1）农业防治：冬、春季翻耕树盘，利用低温、鸟食消灭树冠下土层中的越冬蛹。

（2）生物防治：保护、利用天敌。

（3）药剂防治：卵孵化后及幼虫结网前，叶面喷洒50%马拉硫磷乳油或50%杀螟松乳油1000倍液、10%氯菊酯乳油或杀螟菊酯乳油1000～1500倍液。

十六、桃剑纹夜蛾

桃剑纹夜蛾属鳞翅目，夜蛾科。学名：*Acronicta incretata Hampson* Schiffermuller，又名樱桃剑纹夜蛾，分布全国大多数桃产区，危害桃、杏、苹果、山楂、梨、李等果树的叶。

1．危害特点 初龄幼虫食叶的表皮和叶肉，仅留下表皮，似纱网状；随虫龄增大，把叶食成长圆形孔洞或缺刻，也啃食幼果果皮。

2．形态鉴别 成虫：体长11～22毫米，翅展37～41毫米；头部和胸部暗灰色，腹部背面灰褐色；前翅灰黑色，黑色基剑纹、中剑纹、端剑纹明显；后翅淡褐色；足黄灰黑色。卵：馒头形，直径0.8～1.2毫米。幼虫：体长25～30毫米，绿色或红褐色，头部褐色，具深斑纹；背线红褐色，亚背线赤褐色，气门上线黄色，中胸、后腹部二、三、九节背部各具黑色毛瘤1对，腹部一、四至八节各具黑色毛瘤2对，生有黑长毛。蛹：长11.2～15.5毫米，纺锤形，深红褐色。茧：长16～19毫米，丝质，纺锤形。（图2-21，图2-22）

图2-21 桃剑纹夜蛾成虫

图2-22 桃剑纹夜蛾幼虫

3. 发生特点　年发生2~3代，以茧蛹在草丛、土中或树皮裂缝中越冬。越冬蛹于4月下旬至5月中旬羽化；第一代成虫于6月下旬至7月下旬羽化；第二代于8月上旬至9月上旬羽化。成虫昼伏夜出，具趋光性和趋化性，羽化后短时间即交配产卵，卵期4~8天。幼虫期第一代19~35天，第二代22~31天，第三代23~43天。天敌有夜蛾绒茧蜂等。

4. 防治要点

(1) 农业防治利用糖醋液或黑光灯、高压汞灯诱杀成虫。秋末深翻树盘，消灭越冬虫蛹。

(2) 药剂防治：卵孵化前后喷洒50%杀螟松乳油或52.25%农地乐乳油1500倍液，20%甲氰菊酯乳油2000倍液或2.5%敌杀死乳油、20%速灭杀丁乳油3000~3500倍液，10%天王星乳油4000~5000倍液。

十七、桑剑纹夜蛾

桑剑纹夜蛾属鳞翅目，夜蛾科。学名：*Acronicta major* Bremer，又名大剑纹夜蛾、桑夜蛾、香椿灰斑夜蛾，分布全国各产区，危害桃、杏、香椿、山楂、李、柑橘等果树的叶。

1. 危害特点　幼虫食叶成缺刻或孔洞，重者吃光全树叶片。

2. 形态鉴别　成虫：体长27~29毫米，翅展62~69毫米；体深灰色，腹面灰白色，头部灰白色；触角丝状；前翅灰白色至灰褐色，剑纹黑色，翅基剑纹树枝状，端剑纹2条，肾纹外侧一条较粗短，近后缘一条较细长；环纹灰白色、较小，肾纹灰褐色、较大，均具黑边；后翅灰褐色。卵：扁馒头形，淡黄色至黄褐色。幼虫：体长48~52毫米，体黑色，密被黄色长、短毛及粗针状黑色短刺毛，黑色短刺毛簇生于体背毛瘤上，其两侧及体侧为黄色，体侧毛瘤凸起较明显。蛹：长椭圆形，长24~28毫米，褐色至黑褐色。茧：长椭圆形，灰白色至土色。(图2-23)

图2-23　桑剑纹夜蛾幼虫

3. 发生特点　年发生1代，以茧蛹于树下土中和石块缝隙中越冬。翌年7月上旬成虫羽化，7月中、下旬始产卵，卵期7天。7月下旬至8月上、中旬幼虫孵化，幼虫期30～38天，老熟幼虫于9月上旬下树结茧化蛹。成虫昼伏夜出，具趋光性和趋化性。卵多产在枝条近端部嫩叶叶面上，数十至数百粒成一块。初孵幼虫群集叶上啃食表皮、叶肉成缺刻或孔洞，仅留叶脉，随虫龄增大可把叶吃光，残留叶柄。该虫有转枝、转株危害习性。天敌主要有桑夜蛾盾脸姬蜂。

4. 防治要点

（1）农业防治：冬、春季翻树盘，利用低温、鸟食消灭越冬茧蛹。成虫发生期，设置黑光灯诱杀成虫。经常检查，及时捕杀群集幼虫。

（2）药剂防治：卵孵化盛期后施药最关键，可喷洒48%乐斯本乳油或50%杀螟松乳油、50%马拉硫磷乳油1000倍液，或2.5%敌杀死乳油、20%速灭杀丁乳油3000～3500倍液，10%天王星乳油4000倍液或52.25%农地乐乳油1500倍液。

十八、梨剑纹夜蛾

梨剑纹夜蛾属鳞翅目，夜蛾科。学名：*Acronicta rumicis* Linnaeus，又名梨叶夜蛾，分布全国桃产区，危害桃、杏、李、苹果、梅、山楂等果树的叶。

1. 危害特点 幼虫将叶片食成孔洞或缺刻，重者将叶脉吃掉，仅留叶柄。

2. 形态鉴别 成虫：体长14～17毫米，翅展32～46毫米；头、胸部棕灰色，腹部背面浅灰色带棕褐色；前翅暗棕色，有白色斑纹，上有4条横线，基部2条色较深，外缘有1列黑斑，翅脉中室内有1个圆形斑，边缘色深；后翅棕黄色至暗褐色；触角丝状。卵：半球形，赤褐色。幼虫：体长约33毫米，头黑色，体褐色至暗褐色，具大理石样花纹，背面有1列黑斑，中央有橘红色点；各节毛瘤较大，簇生褐色长毛。蛹：长约16毫米，黑褐色。（图2-24）

图2-24 梨剑纹夜蛾幼虫

3. 发生特点 年发生2代，以蛹在土中越冬。5月下旬至6月上旬越冬代成虫羽化，6～7月幼虫发生危害，6月中旬即有老熟幼虫在叶片上吐丝结黄色薄茧化蛹；第一代成虫在6月下旬发生；8月上旬出现第二代成虫，第二代幼虫危害到9月中、下旬，陆续老熟后入土结茧化蛹。成虫昼伏夜出，有趋光性和趋化性。卵产于叶背或芽上，呈块状排列，卵期 7～10 天。幼龄幼虫群集嫩叶取食，后分散危害。

4. 防治要点

（1）农业防治：冬、春季翻树盘，消灭越冬蛹。成虫发生期，用糖醋液或黑光灯、高压汞灯诱杀成虫。

（2）药剂防治：防治适期是各代幼虫发生初期，可喷洒 50% 杀螟松乳油或 50% 辛硫磷乳油 1000～1500 倍液、20% 氰戊菊酯乳油 2000 倍液、10% 天王星乳油 4000～5000 倍液、80% 敌敌畏乳油 1000 倍液。

十九、蓝目天蛾

蓝目天蛾属鳞翅目，天蛾科。学名：*Smerinthus planus* Walker，又名柳天蛾、柳目天蛾、柳蓝目天蛾，除新疆、西藏未见报道外，其他各产区均有分布，主要危害桃、樱桃、核桃、梅、苹果、葡萄等果树的叶片。

1. 危害特点　低龄幼虫食叶成缺刻或孔洞，稍大常将叶片吃光，残留叶柄。

2. 形态鉴别　成虫：体长 25～27 毫米，翅展 66～106 毫米，体灰黄色，胸背中央具褐色纵宽带；触角栉状，黄褐色；前翅外缘波状，翅基 1/3 色浅，穿过褐色内线向臀角突伸一长角，末端有黑纹相接，中室端具新月形带褐边的白斑，外缘顶角至中后部有近三角形褐色大斑 1 个；后翅浅黄褐色，中部具灰蓝色或蓝色眼状大斑 1 个，周围青白色，外围黑色，其上缘粉红色至红色。卵：椭圆形，长 1.7 毫米，绿色，有光泽。幼虫：体长 60～90 毫米，黄绿色或绿色，密布黄白色小颗粒，头顶尖，三角形，口器褐色；胸部两侧各具由黄白色颗粒构成的纵线 1 条；一至七腹节两侧具斜线；第八腹节背面中部具一密布黑色小颗粒的尾角，胸足红褐色。蛹：长 35 毫米左右，黑褐色，臀刺锥状。（图 2-25，图 2-26）

3. 发生特点　东北、华北地区年发生 2 代，河南地区年发生 3 代，均以蛹在土中越冬。2 代区越冬蛹 5 月上旬至 6 月上旬羽化，交尾产卵，卵期约 20 天；第 1 代幼虫 6 月发生，7 月老熟入土化蛹，蛹期 20 天左右，7 月下旬至 8 月下旬羽化；第 2 代幼虫 8 月始发，9 月老熟幼虫入土化蛹越冬。成虫昼伏夜出，具趋光性。卵多产于叶背，每雌可产卵 300～400 粒。幼虫在叶背或枝条上栖息，老熟后下树入土化蛹。天敌有小茧蜂等。

图 2-25　蓝目天蛾成虫

图 2-26　蓝目天蛾幼虫

4. 防治要点

(1) 农业防治：秋后至早春耕翻土壤，以消灭越冬蛹。幼虫发生期人工捕杀幼虫。利用黑光灯诱杀成虫。

(2) 药剂防治：卵孵化盛期喷洒 90% 晶体敌百虫 1000 倍液，或 50% 混来威、50% 杀螟松乳油 1500 倍液，20% 速灭杀丁乳油 2000 ~ 3000 倍液，20% 甲氰菊酯乳油 2000 倍液，2.5% 功夫乳油或 10% 天王星乳油 2000 ~ 2500 倍液。

二十、小绿叶蝉

小绿叶蝉属同翅目，叶蝉科。学名：*Empoasca flavescens* (Fabricius)，又名桃叶蝉、桃小叶蝉、桃小绿叶蝉、桃小浮尘子等，分布全国各桃产区，危害桃、梨、苹果、杏、葡萄、樱桃、柑橘等果树的芽、叶。

1. 危害特点　成、若虫刺吸寄主汁液，被害叶初现黄白色斑点，渐扩大成片，严重时全叶苍白、早落。

2. 形态鉴别　成虫：体长 3.3 ~ 3.7 毫米，淡黄绿色至绿色；复眼灰褐色至深褐色；触角刚毛状；前胸背板、小盾片浅鲜绿色，常具白色斑点；前翅半透明，淡黄白色，周缘具淡绿色细边；后翅透明膜质；各足胫节端部以下淡青绿色，爪褐色；后足跳跃式；腹部背板色较腹板深，末端淡青绿色。卵：长椭圆形，0.6 毫米 ×0.15 毫米，乳白色。若虫：体长 2.5 ~ 3.5 毫米，与成虫相似。(图 2-27)

图 2-27　小绿叶蝉

3. 发生特点 年发生4～6代，以成虫在落叶、杂草或低矮绿色植物中越冬。翌春桃、李、杏发芽后出蛰，飞到树上刺吸汁液。卵多产在新梢或叶片主脉里，卵期5～20天，若虫期10～20天，非越冬成虫寿命30天，完成一个世代40～50天。因发生期不整齐致世代重叠，6月虫口数量增加，8～9月最多且危害重，秋后以成虫越冬。成、若虫喜欢白天活动，在叶背刺吸汁液或栖息。成虫善跳，可借风力扩散，旬均温15～25℃适其生长发育，28℃以上及连阴雨天气虫口密度下降。

4. 防治要点

(1) 农业防治：冬、春季清除园内落叶及杂草，减少越冬虫源。

(2) 药剂防治：越冬代成虫迁入后，各代若虫孵化盛期及时喷洒40%辛硫磷乳油1500倍液或10%吡虫啉可湿性粉剂2500倍液、50%马拉硫磷乳油1500倍液、20%扑虱灵乳油1000倍液、2.5%敌杀死或功夫乳油2000倍液、50%抗蚜威超微可湿性粉剂3000～4000倍液。

二十一、桃黄斑卷叶蛾

桃黄斑卷叶蛾属鳞翅目，卷蛾科。学名：*Acleris fimbriana* Thunberg，又名黄斑卷叶蛾、黄斑长翅卷叶蛾，主分布于长江以北桃产区，危害桃、李、杏、山楂、苹果、梨等果树的嫩芽和叶。

1. 危害特点 幼龄幼虫食害嫩叶、新芽。稍大后卷叶、平叠叶片或贴叶于果面，食叶肉呈纱网状和孔洞；啃食贴叶果的果皮，致不规则形凹疤，多雨时常致受害果腐烂脱落。

2. 形态鉴别 成虫：有夏型和越冬型之分。体长约7毫米，翅展15～20毫米；前翅近长方形，顶角圆钝；夏型头胸背和前翅金黄色，其上散生银白色竖立鳞片，后翅和腹部灰白色；越冬型体较夏型稍大，体暗褐色微带浅红，前翅上散生黑色鳞片，后翅浅灰色。卵：扁椭圆形，直径约0.8毫米，乳白色至暗红色。幼虫：初龄幼虫体淡黄色，2～3龄为黄绿色，头、前胸背板及胸足均为黑色；成龄幼虫体长21毫米左右，黄绿色至绿色，头部黄褐色，前胸盾黄绿色。蛹：长9～11毫米，黑褐色。（图2-28）

3. 发生特点 北方地区年发生3～4代，以越冬型成虫在杂草、落叶间越冬。翌年3月成虫开始活动，4月上、中旬产卵于枝条或芽附近。第一代幼虫孵后蛀食花芽及芽的基部后卷叶危害，以后各代幼虫均卷叶危害，世代重叠。越冬型

图 2-28　桃黄斑卷叶虫幼虫

成虫寿命 5 个多月，夏型仅有 12 天左右。卵多散产于叶背，单雌产卵 80 余粒，卵期一代约 20 天，其他世代 4 ～ 5 天。幼虫 3 龄前食叶肉，仅留表皮，3 龄后咬食叶片成孔洞。幼虫期约 24 天，共 5 龄，老熟后转移，卷新叶结茧化蛹，蛹期平均 13 天左右。天敌有赤眼蜂、黑绒茧蜂、瘤姬蜂、赛寄蝇等。

4．防治要点

（1）农业防治：冬、春季清除果园及附近的枯枝落叶和杂草，集中堆沤或烧毁；幼虫发生期及时摘除卷叶。

（2）生物防治：释放赤眼蜂等天敌防治。

（3）药剂防治：在各代卵孵化盛期及时施药，可用 90% 晶体敌百虫或 50% 丙硫磷乳油、48% 乐斯本乳油、50% 杀螟松乳油、50% 马拉硫磷乳油 1000 倍液，25% 功夫或 20% 速来杀丁乳油 3000 ～ 3500 倍液，10% 天王星乳油 4000 倍液，或 52.25% 农地乐乳油 1500 倍液。

二十二、芽白小卷蛾

芽白小卷蛾属鳞翅目，卷蛾科。学名：*Spilonota lechriaspis* Meyrick，又名顶梢卷叶蛾、顶芽卷蛾，除西藏、新疆未见报道外，其他各省均有分布，危害桃、苹果、梨、李、杏、山楂等果树的芽、叶。

1．危害特点　幼虫危害新梢顶端，将叶卷成一团，食害新芽、嫩叶，生长点被食致新梢歪在一边，影响顶花芽形成及树冠扩大。

2．形态鉴别　成虫：体长 6～8 毫米，翅展 12～15 毫米，淡灰褐色；触角丝状；前翅长方形，翅面有灰黑色波状横纹，前缘有数条并列向外斜伸的白色短线，后缘外侧 1/3 处有 1 块三角形暗色斑纹，静止时并成菱形，外缘内侧前缘至臀角间有 5 ～ 6 个黑褐色平行短纹；后翅淡灰褐色。卵：扁椭圆形，长 0.7 毫米，乳白色至黄白色。幼虫：体长 8～10 毫米，体粗短，污白色或黄白色；头、前胸盾、足和臀板均为黑褐色；越冬幼虫淡黄色。蛹：长 6~8 毫米，黄褐色，纺锤形。茧：黄白色，长椭圆形。（图 2-29）

图 2-29　芽白小卷蛾幼虫

3. 发生特点　黄淮地区年发生 3 代，山东、华北、东北地区年发生 2 代，多以 2～3 龄幼虫于被害梢卷叶团内结茧越冬，少数于芽侧结茧越冬。每个卷叶团内多为 1 头幼虫，亦有 2～3 头者。寄主萌芽时越冬幼虫出蛰，转移到邻近的芽危害嫩叶，将数片叶卷在一起，并吐丝缀连叶背茸毛作巢潜伏其中，取食时身体露出，经 24～36 天老熟，于卷叶内结茧化蛹。化蛹期大体为 5 月中旬至 6 月下旬，蛹期 8～10 天。各代成虫发生期：2 代区为 6 月至 7 月上旬，7 月中、下旬到 8 月中、下旬；3 代区为 6 月、7 月、8 月。成虫昼伏夜出，趋光性不强，喜食糖蜜。卵多散产于顶梢上部嫩叶背面，尤喜产于绒毛多处，卵期 6～7 天。初孵幼虫多在梢顶卷叶危害。末代幼虫危害到 10 月中、下旬，在梢顶卷叶内结茧越冬。

4. 防治要点

（1）农业防治：冬、春季剪除被害梢干叶团，集中烧毁或深埋；幼虫危害季节及时摘除卷叶团，消灭其中幼虫和蛹。

（2）药剂防治：越冬幼虫出蛰盛期及第一代卵孵化盛期是施药的关键时期，可用 48% 乐斯本乳油或 20% 哒嗪硫磷乳油、50% 马拉硫磷乳油、50% 杀螟松乳油 1000 倍液，25% 功夫乳油或 20% 速灭杀丁乳油、2.5% 敌杀死乳油 3000～3500 倍液，52.25% 农地乐乳油 1500 倍液，或 10% 天王星乳油 4000 倍液。

二十三、杏白带麦蛾

杏白带麦蛾属鳞翅目，麦蛾科。学名：*Recurvaria syrictis* Meyrick，又名环纹贴叶蛾、环纹贴叶麦蛾，分布黄淮桃产区，危害桃、杏、李、樱桃、苹果等果树的叶。

1. 危害特点　幼虫吐白丝卷叶或黏缀两叶，潜伏其内食害叶肉，使其形成不规则斑痕，残留表皮和叶脉，日久变褐干枯。

2. 形态鉴别　成虫：体长 7～8 毫米，灰色，头、胸背面银灰色；触角丝状，呈黑白相间环节状；前翅狭长，灰黑色，后缘从翅基至端部纵贯银白色带 1 条，栖息时体背形成 1 条银白色三珠状纵带；后翅灰白色。幼虫：体长6～7毫米，头黄褐色；中胸至腹末各体节前半部淡紫红色至暗红色，后半部浅黄白色，全体具红、白环纹状。蛹：长4毫米，纺锤形。茧：长6～7毫米，长椭圆形，灰白色。（图2-30）

图2-30 杏白带麦蛾幼虫

3. 发生特点 年发生3代，10月中、下旬以幼虫在枝干皮缝中结茧化蛹越冬。翌年4月下旬至5月中旬成虫羽化。成虫活泼，多在夜间活动，多产卵在叶上。5月中、下旬第一代幼虫出现。幼虫活泼，爬行迅速，触动时迅速退缩，吐丝下垂，6月下旬陆续老熟在受害叶内结茧化蛹。

4. 防治要点

（1）农业防治：冬、春季刮树皮，集中处理，消灭越冬蛹。

（2）药剂防治：幼虫危害期喷洒90%晶体敌百虫或50%杀螟松乳油、50%辛硫磷乳油、48%乐斯本乳油1000倍液，或50%敌敌畏乳油900倍液。

二十四、梅毛虫

梅毛虫属鳞翅目，枯叶蛾科。学名：*Malacosoma neustria testacea* Motschulsky，又名黄褐天幕毛虫、天幕枯叶蛾、天幕毛虫、带枯叶蛾，分布于全国各桃产区，危害桃、杏、苹果、梨、梅、樱桃等果树的芽、叶。

1. 危害特点 刚孵化幼虫群集于一枝，吐丝结成网幕，食害嫩芽、叶片；随生长，渐下移至粗枝上结网巢，白天群栖巢上，夜晚取食，严重时将全树叶片吃光。

2. 形态鉴别 成虫：雌体长18～22毫米，翅展37～43毫米，黄褐色；触角栉齿状；前翅中部有1条赤褐色宽横带，其两侧有淡黄色细线；雄体略小，触角双栉齿状，前翅中部有2条深褐色横线，两线间色稍深。卵：圆筒形，灰白色，200～300粒卵环结于小枝上黏结成一圈呈“顶针”状。幼虫：体长50～55毫米，头蓝色，有2个黑斑，体上有十多条黄、蓝、白、黑相间的条纹。蛹：椭圆形，体上有淡褐色短毛。茧：黄白色，表面附有灰黄色粉末。（图2-31）

3. 发生特点 年发生1代，以幼虫在卵壳中越冬。翌年树芽膨大、日均气温达11℃时幼虫钻出，

图 2-31 梅毛虫幼虫

先在卵附近的芽及嫩叶上危害，后转到枝杈上吐丝结网成天幕，于夜间出来取食。幼虫4龄后分散全树，暴食叶片。幼虫期45天左右。成虫有趋光性，产卵于小枝上。主要天敌有赤眼蜂、姬蜂、绒茧蜂等。

4. 防治要点

（1）农业防治：冬、春季彻底剪除枝梢上的越冬卵块。幼虫发生期，发现幼虫群集天幕应及时消灭。

（2）生物防治：为保护卵寄生蜂，将卵块放天敌保护器中，使卵寄生蜂羽化飞回果园。

（3）药剂防治：幼虫期施药是关键，可喷洒80%敌敌畏乳油1500倍液或52.25%农地乐乳油2000倍液，50%杀螟松乳油或50%马拉硫磷乳油1000倍液，25%功夫乳油或25%敌杀死乳油3000倍液，10%天王星乳油4000倍液。

二十五、大袋蛾

大袋蛾属鳞翅目，袋蛾科。学名：*Clania variegata* Snellen，又名衰衣蛾、大衰蛾、布袋蛾、大背袋虫、大窠蓑蛾，除新疆未见报道外，其他各产区均有发生，危害桃、石榴等65种以上的果、林芽、叶。

1. 危害特点 幼虫吐丝缀叶成囊，隐藏其中，头伸出囊外取食叶片及嫩芽，啃食叶肉留下表皮，重者食成孔洞、缺刻，直至将叶片吃光。

2. 形态鉴别 成虫：雌蛾无翅，体长12～16毫米，蛆状，头小、褐色，胸腹部黄白色，胸部弯曲，腹部大，第四至七腹节周围生有黄色茸毛；雄蛾有翅，体长11～15毫米，翅展22～30毫米，体和翅深褐色，胸、腹部密被鳞毛，触角羽状，前翅翅脉两侧色深，在近翅尖处沿外缘有近方形透明斑1个，外缘近中央处又有长方形透明斑一个。卵：椭圆形，长约0.8毫米，豆黄色。幼虫：体长16～26毫米；头黄褐色，具黑褐色斑纹，胸腹部肉黄色，背面中央略带紫褐色；胸部背面有褐色纵纹2条，每节纵纹两侧各有褐斑1个；腹部各节背面有黑色突起4个，排列成“八”字形。蛹：雌蛹体长14～18毫米，纺锤形，褐色；雄蛹体长约13毫米，褐色，腹末稍弯曲。护囊：枯枝色，橄榄形，为成长幼虫的护囊；雌虫的护囊长约30毫

米，雄虫的长约25毫米；囊系以丝缀结叶片、枝皮碎片及长短不一的枝梗而成，枝梗不整齐地纵列于囊的最外层。(图2-32)

图2-32 大袋蛾囊

3. 发生特点 黄淮产区年发生1代，以幼虫在护囊内悬挂于枝上越冬。4月20日至5月25日越冬幼虫化蛹，5月30日至6月3日成虫羽化，成虫羽化后2～3天产卵，卵历期15～18天，卵孵化盛期在6月20日～6月25日。幼虫孵化后从旧囊内爬出再结新囊，爬行时护囊挂在腹部末端，头胸露在外取食叶片，直至越冬。天敌有大腿小蜂、脊腿姬蜂和寄生蝇等。

4. 防治要点

(1) 生物防治：喷洒大袋蛾多角体病毒（NPV）和苏云金杆菌(Bt)，防治效果好；保护、利用天敌。

(2) 农业防治：在幼虫越冬期摘除虫袋，碾压或烧毁。

(3) 药剂防治：在7月5日～7月20日前后，幼虫低龄期，虫囊长约1厘米左右，喷洒90%晶体敌百虫或50%敌敌畏乳油1000倍液。

二十六、茶蓑蛾

茶蓑蛾属鳞翅目，蓑蛾科。学名：*Clania minuscula* Butler，又名小窠蓑蛾、小蓑蛾、小袋蛾、茶袋蛾、茶背袋虫，分布全国各桃产区，危害桃、柑橘、石榴等100多种植物的叶、芽、果皮。

1. 危害特点 幼虫在护囊中咬食叶片、嫩梢或剥食枝干、果实皮层，造成局部光秃。该虫喜集中危害。

2. 形态鉴别 成虫：雌蛾体长12～16毫米，足退化，无翅，蛆状，体乳白色，头小、褐色，腹部肥大，体壁薄，能看见腹内卵粒；雄蛾体长11～15毫米，翅展22～30毫米，体翅暗褐色，触角双栉状，胸部、腹部具鳞毛，前翅翅脉两侧色略深，外缘中前方具近正方形透明斑2个。卵：椭圆形，0.8毫米×0.6毫米，浅黄色。幼虫：体长16～28毫米，头黄褐色，胸部背板灰黄白色，背侧具褐色纵纹2条，胸节背面两侧各具浅褐色斑1个；腹部棕黄色，各节背面均有“八”字形黑色小突起4个。蛹：雌蛹纺锤形，长14～18毫米，深褐色；雄蛹深褐色，长13毫米。护囊：纺锤形，枯枝色，成长幼虫的护囊，雌的长约30毫米，雄的约25毫米。囊系以丝缀结叶片、枝条碎片及长短不一的枝梗而成，枝梗整齐地纵裂于囊的最外层。（图2-33）

图2-33　茶蓑蛾幼虫

3. 发生特点　贵州年发生1代，华东地区年发生1～2代，台湾年发生2～3代，以幼虫在枝叶上的护囊内越冬。翌春3月越冬幼虫开始取食，5月中、下旬化蛹，6月上旬至7月中旬成虫羽化并产卵，卵期12～17天。第一代幼虫6～8月发生，且危害重，幼虫期50～60天。第二代幼虫9月出现，危害至落叶越冬。幼虫孵化后先取食卵壳，后爬上枝叶或飘至附近枝叶上，吐丝黏缀碎叶营造护囊，并开始取食。天敌有蓑蛾疣姬蜂、松毛虫疣姬蜂、桑蟥疣姬蜂、大腿蜂、小蜂等。

4. 防治要点

（1）农业防治：发现虫囊及时摘除，集中烧毁。

（2）生物防治：注意保护、利用寄生蜂等天敌昆虫；或喷洒每克含1亿活孢子的杀螟杆菌或青虫菌6号悬浮剂防治。

（3）药剂防治：在幼虫初孵期，喷洒90%晶体敌百虫或50%杀螟松乳油1000倍液，80%敌敌畏乳油1200倍液、2.5%溴氰菊酯乳油2000倍液。

二十七、黄刺蛾

黄刺蛾属鳞翅目，刺蛾科。学名：*Cnidocampa flavescens* Walker，又名刺蛾、洋辣子、八角虫、八角罐、八角虫、羊蜡罐、白刺毛等，分布全国各桃产区，危害桃、杏、石榴、苹果等果树的芽、叶。

1. 危害特点　低龄幼虫群集叶背面啃食叶肉，稍大可把叶食成网状；随虫龄增大则分散取食，将叶片吃成缺刻，仅留叶柄和叶脉，重者吃光全树叶片。

2. 形态鉴别　成虫：体长13～16毫米，翅展30～34毫米；头和胸部黄色，腹背黄褐色；前翅内半部黄色，外半部褐色，有2条暗褐色斜线在翅尖上汇合于一点，呈倒“V”字形，内面一条伸到中室下角，为黄色与褐色的分界线。卵：

椭圆形，黄绿色。幼虫：体长16～25毫米，头小，胸腹部肥大，呈长方形(似幼儿的娃娃鞋)，黄绿色；体背有1个两端粗中间细的哑铃形紫褐色大斑，和许多突起枝刺。蛹：椭圆形，长12毫米，黄褐色。茧：灰白色，质地坚硬，茧壳上有几道褐色、长短不一的纵纹，形似雀蛋。(图2-34，图2-35)

3. 发生特点 年发生2代，以老熟幼虫在树枝上结茧越冬。翌年5月上旬化蛹，5月中、下旬至6月上旬羽化。成虫趋光性强，产

图2-34 黄刺蛾成虫

图2-35 黄刺蛾幼虫

卵于叶背面，数十粒连成一片。6月中、下旬幼虫孵化，初孵幼虫喜群集危害，数头幼虫白天头向内形成环状静伏于叶背，6月下旬至7月上、中旬幼虫老熟后，固贴在枝条上作茧化蛹。7月下旬出现第二代幼虫，危害至9月初，结茧越冬。天敌主要有上海青蜂和黑小蜂等。

4. 防治要点

(1) 农业防治：冬、春季剪除冬茧，集中烧毁，消灭越冬幼虫。摘除冬茧时，识别青蜂（冬茧上端有一被寄生蜂产卵时留下的小孔），选出保存，来年放入果园天然繁殖寄杀虫茧。

(2) 药剂防治：幼虫危害初期，喷洒90%晶体敌百虫或50%敌敌畏乳油800～1000倍液、2.5%敌杀死乳油3000～4000倍液。

二十八、白眉刺蛾

白眉刺蛾属鳞翅目，刺蛾科。学名*Narosa edoensis* Kawada，又名杨梅刺蛾，分布全国多数桃产区，危害桃、杏、石榴、核桃、枣、柿等果树的芽、叶。

1. 危害特点 幼虫危害叶片。低龄幼虫啃食叶肉，稍大把叶片食成缺刻或孔洞，重者仅留主脉。

2. 形态鉴别 成虫：体长8毫米，翅展16毫米左右；前翅乳白色，端部具浅褐色、浓淡不均的

云状斑。幼虫：体长7毫米左右，扁椭圆形，绿色；体背部隆起呈龟甲状；头褐色，很小，缩于胸前；体上无明显刺毛；体背生2条黄绿色纵带纹，纹上具小红点。蛹：长4.5毫米，近椭圆形。茧：长5毫米，圆桶形，灰褐色。（图2-36，图2-37）

3. 发生特点 年发生2～3代，以老熟幼虫在树杈或叶背结茧越冬。翌年4～5月化蛹，5～6月成虫羽化，成虫昼伏夜出，有趋光性。卵块产于叶背，每块有卵8粒左右，

图2-36 白眉刺蛾成虫

图2-37 白眉刺蛾幼虫

卵期7天。7～8月进入幼虫危害期，低龄幼虫在叶背取食，留下半透明的上表皮，随虫龄增大，把叶食成缺刻或孔洞，重者食完全叶。8月下旬幼虫老熟，结茧越冬。

4. 防治要点 同黄刺蛾。

二十九、丽绿刺蛾

丽绿刺蛾属鳞翅目，刺蛾科。学名：*Latoia lepida* Cramer，又名绿刺蛾，分布全国各桃产区，危害桃、杏、石榴、苹果、梨、柑橘等果树的芽、叶。

1. 危害特点 以幼虫蚕食叶片。低龄幼虫群集叶背，食叶成网状；重者食净叶肉，仅剩叶柄。

2. 形态鉴别 成虫：体长10～17毫米，翅展35～40毫米；雄蛾触角双栉齿状，雌蛾触角基部丝状；头顶、胸背绿色，腹部灰黄色；前翅绿色，肩角处有1块深褐色尖刀形基斑，外缘具深棕色宽带；后翅浅黄色，外缘带褐色。卵：扁平椭圆形，长径约1.5毫米，浅黄绿色。幼虫：体长25～27毫米，初龄时黄色，稍大转为粉绿色；从中胸至第八腹节各有4个瘤状突起，上生有黄色刺毛丛，第一腹节背面的毛瘤各有3～6根红色刺毛；腹部末端有4丛球状黑色刺毛；背中央具暗绿色带3条，两侧有浓蓝色点线。蛹：椭圆形，长约13毫米，

黄褐色。茧：椭圆形，长约15毫米，暗褐色，坚硬。（图2-38，图2-39）

3. 发生特点 年发生2代，以老熟幼虫在树干上结茧越冬。翌年4月下旬至5月上旬化蛹，第一代成虫于5月末至6月上旬羽化，第一代幼虫于6月至7月发生；第二代成虫8月中、下旬羽化，第二代幼虫于8月下旬至9月发生，至10月上旬在树干上结茧越冬。成虫有强趋光性，产卵于叶背，数十粒成块。初孵幼虫常7～8头群集取食，稍大后分散危害。幼虫体上的刺毛丛含有毒腺，人体皮肤接触后，常因毒液进入皮下而肿胀奇痛，故有“洋辣子”之称。天敌有爪哇刺蛾、寄生蝇等。

图2-38 丽绿刺蛾成虫

图2-39 丽绿刺蛾幼虫

4. 防治要点

（1）农业防治：冬、春季清洁果园，消灭树枝上的越冬茧。

（2）捕杀初龄幼虫：及时摘除初孵幼虫群集危害的叶片，消灭之。注意勿使虫体接触皮肤。

（3）药剂防治：幼虫初孵期喷药防治，参阅黄刺蛾防治方法。

三十、褐边绿刺蛾

褐边绿刺蛾属鳞翅目，刺蛾科。学名*Latoia consocia* Walker，又名青刺蛾、褐缘绿刺蛾、四点刺蛾、曲纹绿刺蛾，幼虫俗称洋辣子，分布全国各桃产区，危害桃、杏、苹果、石榴、柑橘等果树的芽、叶。

1. 危害特点 低龄幼虫取食叶的下表皮和叶肉，留下上表皮，致叶片呈不规则黄色斑块；大龄幼虫食叶成孔洞和缺刻，重者吃光全叶，仅留主脉。

2. 形态鉴别 成虫：体长16毫米，翅展38～40毫米；雄蛾触角栉齿状，雌蛾触角丝状；头、胸、背绿色，胸背中央有1条棕色纵线，腹部灰黄色；前翅绿色，基部有暗褐色大斑，外缘为灰黄色宽带；后翅灰黄色。卵：扁椭圆形，长1.5毫米，黄白色。幼虫：体长25～28毫米，初龄黄色，稍大黄绿色至绿色；中胸至第八腹节各有4个瘤状突起，上生青色刺毛束，腹末有4个毛瘤丛，生蓝黑球状刺毛；背线绿色，两侧有深蓝色点。蛹：椭圆形，长13毫米，黄褐色。茧：椭圆形，长16毫米，暗褐色，坚硬。(图2-40)

图2-40　褐边绿刺蛾幼虫

3. 发生特点　年发生1～3代，以前蛹于茧内在树干基部浅土层或枝干上越冬。1代区6月上、中旬至7月中旬越冬成虫羽化，6月下旬至9月幼虫发生危害，8月危害最重，8月下旬后幼虫陆续结茧越冬。2代区5月中旬越冬代成虫羽化，第一代幼虫6～7月发生，第一代成虫8月中、下旬羽化；第二代幼虫8月下旬至10月中旬发生，10月上旬幼虫结茧越冬。成虫昼伏夜出，有趋光性。卵多产于叶背主脉附近，数十粒呈鱼鳞块状排列，卵期7天左右。幼龄虫群集，稍大后分散。天敌有紫姬蜂和寄生蝇。

4. 防治要点

(1) 生物防治：秋、冬季摘有寄生蜂的虫茧，放入细纱笼内，保护和引放寄生蜂。低龄幼虫期，每667平方米用每克含100亿孢子的白僵菌粉0.5～1千克，在雨湿条件下防治效果好。

(2) 农业防治：幼虫群集危害期人工捕杀，注意手不要碰到幼虫毒毛。利用黑光灯诱杀成虫。

(3) 药剂防治：幼虫发生期及时喷洒90%晶体敌百虫或80%敌敌畏乳油、50%马拉硫磷乳油、50%杀螟松乳油等1000倍液，或50%辛硫磷乳油1500倍液、10%天王星乳油3000倍液、2.5%鱼藤酮300～400倍液。

三十一、扁刺蛾

扁刺蛾属鳞翅目，刺蛾科。学名：*Thosea sinensis* Walker，又名黑点刺蛾、黑刺蛾，分布全国各桃产区，危害桃、杏、石榴、苹果、柑橘等果树的芽、叶。

1. 危害特点　初孵幼虫群集叶背啃食叶肉，使叶片仅留透明的上表皮；随虫龄增大，食叶成空洞和缺刻，重者食光叶片。

2. 形态鉴别　成虫：体长13～18毫米，翅展28～35毫米；体暗灰褐色，腹面及足色较深；雌蛾触角丝状，雄蛾触角羽状；前翅灰褐色稍带紫色，中室外侧有1条明显的暗斜纹，自前缘近顶角处向后缘斜伸；雄蛾中室上角有1个黑点；后翅暗灰褐色。卵：扁平椭圆形，长1.1毫米，淡黄绿色至灰褐色。幼虫：体长21～26毫米，宽16毫米，体扁，椭圆形，背部稍隆起，形似龟背；全体绿色、黄绿色或淡黄色，背线白色；体边缘有10个瘤状突起，其上生有刺毛，第四节背面两侧各有1个红点。蛹：长10～15毫米，近椭圆形，乳白色至黄褐色。茧：椭圆形，长12～16毫米，紫褐色。（图2-41）

图2-41　扁刺蛾幼虫

3. 发生特点　年发生1～3代，以老熟幼虫在树下3～6厘米土层内结茧，以前蛹越冬。1代区6月上旬羽化、产卵，6月中旬至9月上、中旬幼虫发生危害。2～3代区5月中旬至6月上旬羽化；第一代幼虫5月下旬至7月中旬发生；第二代幼虫7月下旬至9月中旬发生；第三代幼虫9月上旬至10月发生，均以老熟幼虫入土结茧越冬。卵多散产于叶面上，卵期7天左右。低龄幼虫啃食叶肉，留下一层表皮，大龄幼虫取食全叶，虫量多时，常从枝的下部叶片吃至上部，每枝仅存顶端几片嫩叶。

4. 防治要点

（1）农业防治：冬、春季耕翻树盘，消灭其内越冬的虫茧。

（2）生物防治：喷洒青虫菌6号悬浮剂1000倍液，杀虫保叶。

（3）药剂防治：卵孵化盛期和低龄幼虫期喷洒50%辛硫磷乳油或45%马拉硫磷乳油1000倍液、5%来福灵乳油2000倍液。

三十二、金毛虫

金毛虫属鳞翅目，毒蛾科。学名：*E. similis xanthocampa* Dyar，又名桑斑褐毒蛾、纹白毒蛾、桑毒蛾、黄尾毒蛾、黄尾白毒蛾等，分布全国多数桃产区，危害桃、杏、苹果、石榴、樱桃等果树的芽、叶和嫩果皮。

1. 危害特点　初孵幼虫群集叶背取食叶肉，仅留透明的上表皮；稍大后分散危害，将叶片吃成大的缺刻，重者仅剩叶脉，并啃食嫩果皮。

2. 形态鉴别　成虫：雌体长14～18毫米，翅展36～40毫米；雄体长12～14毫米，翅展28～32毫米；全体及足白色；触角双栉齿状；雌、雄蛾前翅近臀角处有褐色斑纹，雄蛾前翅在内缘近基角处还有一褐色斑纹。卵：直径0.6～0.7毫米，灰白色。幼虫：体长26～40毫米；头黑褐色，体黄色，背线红色；体背面有一橙黄色带，带中央贯穿一红褐间断的线；前胸背面两侧各有一红色瘤，其余各节背瘤黑色，瘤上生黑色长毛束和白色短毛。蛹：长9～11.5毫米。茧：长13～18毫米，椭圆形，淡褐色。(图2-42，图2-43)

3. 发生特点　年发生2～6代，以幼虫结灰白色薄茧在枯叶、树杈、树干缝隙及落叶中越冬。2代区翌年4月开始危害春芽及叶片。一、二、三代幼虫危害高峰期主要在6月中旬、8月上、中旬和9月上、中旬，10月上旬前后开始结茧越冬。成虫昼伏夜出，产卵于叶背，形成长条形卵块，卵期4～7天。每代幼虫历期20～37天。幼虫有假死性。天敌主要有黑卵蜂、矮饰苔寄蝇、桑毛虫绒茧蜂等。

4. 防治要点

(1) 农业防治：冬、春季刮刷老树皮，清除园内外枯叶、杂草，消灭越冬幼虫。在低龄幼虫集中危害时，摘虫叶灭虫。

(2) 生物防治在2龄幼虫高峰期，喷洒每毫升含15 000颗粒的多角体病毒悬浮液，每667平方米喷20升。

(3) 药剂防治：幼虫分散危害前，及时喷洒2.5%敌杀死乳油或20%速灭杀丁乳油3000倍液、10%天王星乳油4000～5000倍液、52.25%农地乐乳油2000倍液、50%辛硫磷乳油1000倍液、10%吡虫啉可湿性粉剂2500倍液。

图2-42　金毛虫成虫

图2-43　金毛虫幼虫

三十三、茸毒蛾

茸毒蛾属鳞翅目，毒蛾科。学名：*Calliteara pudibunda* Linnaeus，又名苹毒蛾、苹红尾蛾、纵纹毒蛾，分布全国各地，危害桃、杏、草莓、石榴、李、山楂、枇杷等果树的芽、叶。

1. 危害特点 幼虫食量大，危害时间长，食叶成缺刻或孔洞。局部地区易大发生危害重。

2. 形态鉴别 成虫：雄蛾翅展35～45毫米，雌蛾45～60毫米；头、胸部灰褐色；触角栉齿状；腹部灰白色；雄蛾前翅灰白色，有黑色及褐色鳞片；后翅白色，带黑褐色鳞片和毛。卵：扁圆形，浅褐色。幼虫：体长45～52毫米，体浅黄色至淡紫红色；体腹面浅黑色；体背各节生有黄色毛瘤，上面簇生浅黄色长毛；第一至四腹节背面各具1簇黄色刷状毛；第一、二腹节背面的节间有1个深黑色大斑；第八腹节背面有1束向后斜伸的棕黄色至紫红色毛。幼虫具假死性。蛹：浅褐色。（图2-44，图2-45）

图2-44 茸毒蛾成虫

图2-45 茸毒蛾幼虫

3. 发生特点 年发生1～3代，以蛹越冬。翌年4月下旬羽化，一代幼虫5月至6月上旬发生，二代幼虫6月下旬至8月上旬发生，三代幼虫8月中旬至11月中旬发生，越冬代蛹期约6个月。黄淮产区二、三代发生重。卵块产在叶片和枝干上，每块卵20～300粒。幼虫历期20～50天，老熟幼虫将叶卷起结茧。天敌主要有毒蛾黑瘤姬蜂、蚂蚁、食虫蝽类等。

4. 防治要点

（1）农业防治：冬、春季清理园内枯枝落叶，集中销毁，消灭越冬虫源。

（2）药剂防治：叶面喷洒25%灭幼脲3号悬浮剂2000倍液或90%晶体敌百虫1000倍液、25%

敌杀死乳油 2000 倍液、20% 杀虫菊酯乳油 1500～2000 倍液。

三十四、绿盲蝽

绿盲蝽属半翅目，盲蝽科。学名：*Lygocoris lucorum* Meyer-Dur，又名花叶虫、小臭虫、棉青盲蝽、青色盲蝽、破叶疯、天狗蝇等，分布于全国桃产区，危害桃、杏、葡萄、石榴、棉花柑橘等果树的芽、叶和花。

图 2-46　绿盲蝽成虫

1. 危害特点　成、若虫刺吸叶片、嫩芽汁液，造成大量破孔、皱缩不平的“破叶疯”，叶缘残缺破烂，叶卷缩畸形、早落；重者腋芽、生长点受害，造成腋芽丛生。

2. 形态鉴别　成虫：体长 5 毫米，宽 2.2 毫米，绿色，密被短毛；头部三角形；触角 4 节，丝状，约为体长的 2/3；前胸背板黄绿色，布许多小黑点；小盾片三角形，微突，黄绿色；前翅膜片半透明，暗灰色。卵：长 1 毫米，黄绿色，卵盖奶黄色。若虫：与成虫相似，初孵时绿色；2 龄黄褐色；3 龄出现翅芽；4 龄翅芽超过第一腹节；5 龄后全体鲜绿色，密被黑色细毛，触角淡黄色。(图 2-46)

3. 发生特点　年发生 3～7 代，以卵在树皮裂缝、树洞、枝杈处及近树干土中越冬。翌春 3～4 月，卵孵化为若虫开始危害花和嫩芽、叶。成虫寿命长，喜食花蜜，产卵期 30 ～ 40 天。非越冬代卵多散产在嫩叶、茎、叶柄、叶脉、嫩蕾等组织内，卵期 7～9 天。以春、秋两季危害重。主要天敌有寄生蜂、草蛉、捕食性蜘蛛等。

4. 防治要点

(1) 农业防治：冬、春季清理园中枯枝、落叶和杂草，刮刷树皮、树洞，消灭越冬卵。保护、利用天敌。

(2) 药剂防治：于 3 月下旬至 4 月上旬越冬卵孵化期、4 月中、下旬若虫盛发期及 5 月上、中旬三个关键期喷洒 20% 氰戊菊酯乳油 2500 倍液或 48% 乐斯本乳油 1500 倍液、52.25% 农地乐乳油 2000 倍液。

三十五、黄色卷蛾

黄色卷蛾属鳞翅目，卷蛾科。

学名：*Choristoneura longicellana* (Walsingham)，又名苹果大卷叶蛾，主要分布于长江以北桃产区，危害桃、杏、李、樱桃、苹果、梨等果树的芽、叶、花和果实。

1. 危害特点 以幼虫危害嫩芽、花蕾、叶片和果实。幼虫卷叶危害，将叶片食成孔洞或缺刻。

2. 形态鉴别 成虫：体长11～13毫米，雄虫翅展19～24毫米，雌虫翅展23～34毫米；翅黄褐色或暗褐色，前翅近基部1/4处和中部自前缘向后缘有2条浓褐色斜宽带；雄虫前翅基部有前缘褶，翅基部1/3处靠后缘有1个黑色小圆点。卵：椭圆形，黄绿色。幼虫：体长23～25毫米，深绿色稍带灰白色，头和前胸背板黄褐色，前胸背板后缘黑褐色，体背毛瘤较大，刚毛细长，臀栉5根。蛹：长10～13毫米，红褐色。(图2-47)

图2-47 黄色卷蛾幼虫

3. 发生特点 年发生2代，以幼龄幼虫结白色薄茧在树干翘皮下和剪锯口等处越冬。翌春果树花芽开绽时，幼虫出蛰危害嫩叶，稍大后卷叶危害。老熟幼虫在卷叶内化蛹，6月上、中旬越冬代成虫发生。成虫昼伏夜出，趋光性和趋化性不强。成虫产卵于叶上，数十粒排列成鱼鳞状卵块，卵期5～8天。低龄幼虫多在叶背啃食叶肉，稍大后卷叶危害，有吐丝下垂的习性。6月下旬至7月上旬第一代幼虫发生，8月上、中旬第一代成虫发生，8月下旬第二代幼虫发生，危害一段时间后结茧越冬。天敌有赤眼蜂、甲腹茧蜂等。

4. 防治要点

(1) 农业防治：冬、春季彻底刮除树体粗皮、翘皮、剪锯口周围死皮，消灭越冬幼虫；生长季节及时摘除卷叶。

(2) 生物防治：幼虫发生期，隔株或隔行释放赤眼蜂，每代放蜂3～4次，间隔5天，每株放有效蜂1000～2000头。

(3) 药剂防治：越冬幼虫出蛰盛期及第一代卵孵化盛期是施药的关键期，可喷洒48%乐斯本乳油或50%杀螟松乳油、50%马拉硫磷乳油1000倍液，或20%速灭杀丁乳油3000倍液。

三十六、苹果小卷叶蛾

苹果小卷叶蛾属鳞翅目，卷蛾科。学名：*Adoxophyes orana* Fischer von Rosleratamm，又名棉褐带卷叶蛾，除西藏外，其他各产区均有分布，危害桃、杏、李、樱桃、苹果、梨、山楂等果树的叶和果。

1. 危害特点 幼虫吐丝将2~3片叶连缀一起，并在其中危害，将叶片食成缺刻或网状。被害果表面呈现形状不规则的小坑洼，尤以果、叶相贴者受害较多。

2. 形态鉴别 成虫：体长6~8毫米，翅展13~23毫米，淡棕色或黄褐色；触角丝状；前翅自前缘向后缘有2条深褐色斜纹；后翅淡灰色；雄虫较雌虫体小，体色较淡，前翅基部有前缘褶。卵：椭圆形，淡黄色。幼虫：体长13~15毫米，头和前胸背板淡黄色，老龄幼虫翠绿色。蛹：长9~11毫米，黄褐色。（图2-48）

图2-48 苹果小卷叶蛾幼虫

3. 发生特点 年发生3~4代，以2龄幼虫结白色薄茧在剪锯口、树皮裂缝、翘皮下越冬。翌年果树发芽后幼虫出蛰，取食嫩芽、幼叶，稍大吐丝缀叶，潜伏其中危害。幼虫极活泼，遇惊扰急剧扭动身体吐丝下垂。成虫发生盛期在6月中旬，昼伏夜出，有较强的趋化性和微弱的趋光性，对糖醋液或果醋趋性甚烈。卵产于叶面或果面较光滑处，数十粒排列成鱼鳞状卵块，卵期7天左右。第一代幼虫发生期在7月中、下旬，第二代幼虫发生期在8月下旬至9月上旬，第三代幼虫于9月上旬至10月上旬危害一段时间后越冬。天敌有赤眼蜂等。

4. 防治要点

（1）农业防治：冬、春季刮除树干剪锯口等处的翘皮，消灭越冬幼虫；生长季节，发现卷叶后及时杀死其中的幼虫。

（2）生物防治：在产卵盛期释放赤眼蜂于果园，消灭虫卵。

（3）药剂防治：冬、春季用80%敌敌畏乳油200倍液涂抹剪锯口，消灭越冬幼虫。在越冬幼虫出蛰期和各代幼虫发生初期，喷洒50%辛硫磷乳油1500倍液或50%杀螟硫磷乳油1000倍液，48%乐斯本乳油或52.2%农地乐乳油2000倍液，2.5%溴氰菊酯乳油3000倍液。

三十七、美国白蛾

美国白蛾属鳞翅目，灯蛾科。学名：*Hyphantria cunea* Drury，为国内外重要的检疫对象，分布全国许多桃产区，危害桃、杏、苹果、梨等100多种植物的芽、叶。

1. 危害特点 以幼虫群集结网，并在网内食害叶肉，残留表皮；幼虫5龄后出网分散危害，严重时整株叶片被吃光。网幕可随幼虫龄期增长而扩大，长的可达1.5米以上。

2. 形态鉴别 成虫：体长12～17毫米，白色；雄虫触角双栉齿状，黑色，雌虫触角锯齿状；越冬代成虫前翅上有较多的黑色斑点，第一代成虫翅面上的斑点较少，雌虫前翅翅面很少有斑点。卵：近球形，直径0.57毫米，灰褐色。幼虫：体长28～35毫米；头黑色，具光泽；体黄绿色至灰黑色，变化较大；背部两侧线之间有1条灰褐色宽纵带；背部毛瘤黑色，体侧毛瘤橙黄色，毛瘤上生有灰白色长毛。蛹：长8～15毫米，暗红色。（图2-49，图2-50）

图2-49 美国白蛾成虫

图2-50 美国白蛾幼虫

3. 发生特点 年发生2代，以蛹于茧内，在枯枝、落叶、墙缝、表土层、树洞等处越冬。翌年5月上旬出现成虫。第一代幼虫发生期6月上旬至7月下旬，第二代幼虫发生期8月中旬至9月中旬。成虫常300～500粒成块产卵于叶片背面，单层排列，卵期约7天，幼虫孵化后短时间即吐丝结网，群集网内危害，4龄后分散危害，幼虫期35～42天。幼虫老熟后下树寻找适宜场所，结薄茧化蛹越冬。

4. 防治要点

（1）农业防治：清除园中落叶、杂草，冬、春季翻树盘，消灭越冬蛹。

（2）药剂防治：防治的关键时期是第一代幼虫发生期和其他各代幼虫发生初期，可喷洒50%杀螟硫磷乳油1000倍液或80%敌敌畏乳油1500倍液、90%晶体敌百虫1000～1500倍液，20%氰戊菊酯乳油3000倍液。

三十八、人纹污灯蛾

人纹污灯蛾属鳞翅目，灯蛾科。学名：*Spilarctia subcarnea* (Walker)，分布全国多数桃产区，危害桃、杏、李、苹果等果树的芽、叶和果。

1．危害特点　幼虫以危害叶片为主，重者吃光叶片，仅剩叶脉或叶柄，食料缺乏时也啃害果皮。

2．形态鉴别　成虫：体长约20毫米，翅展40～60毫米；前翅黄白色，基部有1个小黑点，前翅中部有1列黑色线点，停息时两翅合拢，黑点形成“人”字形纹。卵：灰白色。幼虫：体长46～55毫米，黄褐色，体被黄色长毛。蛹：体长18毫米，深褐色，外被幼虫体毛和丝织成的虫茧。（图2-51）

图2-51　人纹污灯蛾成虫

3．发生特点　年发生2代，在地表落叶或浅土中以蛹结茧越冬。翌年5月成虫羽化。卵成块产于叶背，单层排列成行，每块数十粒至上百粒。第一代幼虫6月下旬至7月下旬发生，第一代成虫7～8月发生。第二代幼虫8～9月发生，发生量大，危害重，10月老熟幼虫结茧化蛹越冬。成虫有趋光性。初孵幼虫群集叶背取食，3龄后分散危害，爬行速度快，受惊后落地假死，蜷缩成环。

4．防治要点

（1）农业防治：冬季清园，消灭越冬蛹；成虫发生期，灯光诱杀成虫；幼虫集中危害期，及时摘除有虫叶片。

（2）药剂防治：幼虫初孵期，喷洒20%杀灭菊酯乳油2000倍液，或95%晶体敌百虫1000倍液，40%辛硫磷乳油1200倍液。

三十九、山楂叶螨

山楂叶螨属蜱螨目，叶螨科。学名：*Tetranychus viennensis* Zacher，又名山楂红蜘蛛，分布于我国北部及中南产区，危害桃、杏、山楂、李、樱桃等树的芽、叶和果。

1．危害特点　以幼、若、成螨危害芽、叶、果，常群集在叶片背面的叶脉两侧拉丝结网，在网下刺吸叶片的汁液。被害叶片出现失绿斑点，渐变成黄褐色或红褐色，枯焦乃至脱落。

2. 形态鉴别 雌成螨椭圆形，0.45 毫米 ×0.28 毫米，冬型雌成螨鲜红色，夏型雌成螨深红色，体背前端稍隆起，后部有横向的表皮纹，刚毛较长，足 4 对，淡黄色；雄成螨体长 0.43 毫米，末端尖削，浅黄绿色至浅绿色，体背两侧各有 1 个大黑斑。若螨：足 4 对，前期体背开始出现刚毛，体背两侧出现明显的黑绿色斑纹，后期可区分雌雄。卵：圆球形，淡黄色。（图 2-52）

图 2-52 山楂叶螨

3. 发生特点 年发生 6～10 代，以受精雌成螨在树皮缝隙内越冬。果树萌芽期越冬雌成螨开始出蛰，爬到花芽上取食危害，果树落花后成螨在叶片背面危害，这一代发生期比较整齐，以后各世代重叠。6～7 月高温干旱季节适于叶螨发生，为全年危害高峰期。进入 8 月，雨量增多，湿度增大，加上害螨天敌的影响，危害减轻。8 月下旬后越冬型雌成螨陆续发生，10 月害螨全部越冬。天敌有捕食螨等。

4. 防治要点

（1）农业防治：冬、春季刮除树干上的老翘皮，消灭越冬雌成螨。

（2）生物防治：果园内自然天敌种类很多，应尽量减少喷药次数，利用天敌控制害螨发生。

（3）药剂防治：防治的关键期在果树萌芽期和第一代若螨发生期（果树落花后）。发芽前可喷洒 5 波美度石硫合剂或含油 3% ～ 5% 的柴油乳剂；果树萌芽期喷洒 50% 硫磺悬浮剂 200～400 倍液或 5% 尼索朗乳油 1500 倍液；若螨发生期喷洒 20% 螨死净悬浮剂或 15% 哒螨灵乳油 2000 倍液，1.8% 阿维菌素乳油 4000 倍液。

四十、二斑叶螨

二斑叶螨属真螨目，叶螨科。学名：*Tetranychus ulticae*，又名白蜘蛛、二点叶螨、棉叶螨、棉红蜘蛛，分布于全国各产区，危害桃、李、杏、樱桃等 200 余种果、菜和农作物的芽、叶。

1. 危害特点 以成、若螨在叶背吸食叶片汁液。被害叶片初期仅在中脉附近出现失绿斑点，后叶

面结橘黄色至白色丝网，危害重时叶焦枯似火烧状，甚至脱落。（图2-53）

图 2-53　二斑叶螨危害桃梢

2. 形态鉴别　雌成螨椭圆形，长约 0.5 毫米，灰绿色或黄绿色，体背面两侧各有 1 个褐色斑块，斑块外侧呈不明显的三裂，越冬型雌成螨体为橙黄色，褐斑消失；雄成螨身体呈菱形，长约 0.3 毫米，黄绿色或淡黄色。卵：圆球形，直径约 0.1 毫米，白色至淡黄色，孵化前出现 2 个红色眼点。幼螨：近球形，黄白色，复眼红色，足 3 对。若螨：椭圆形，黄绿色，体背显现褐斑，足 4 对。

3. 发生特点　一年发生 10 余代，以雌成螨在树干翘皮、粗皮缝隙、杂草、落叶及土缝内越冬。春季日平均气温上升到 10℃时，越冬雌成螨出蛰，先在花芽上取食危害，产卵于叶片背面。幼螨孵化后即可刺吸叶片汁液。6 月前，害螨在树冠内膛危害和繁殖。在树下越冬的雌螨出蛰后先在杂草或果树根蘖上危害繁殖，6 月后转移树上。7 月害螨逐渐向树冠外围扩散，繁殖速度加快。成螨吐丝结网并产卵其上，也借此进行传播。害螨在夏季高温季节繁殖速度快，各虫态世代重叠。10 月雌成螨越冬。天敌有中华草蛉、小花蝽、异色瓢虫、深点食螨瓢虫等。

4. 防治要点

（1）农业防治：及时清除果园杂草，集中深埋或烧毁，消灭草上的叶螨。

（2）生物防治：在果园种植紫花苜蓿或三叶草，吸引害螨的天敌繁殖生活，可有效控制害螨发生。

（3）药剂防治：在害螨发生期，选用 10%浏阳霉素乳油 1000 倍液或 1.8%阿维菌素乳油 4000 倍液、5%霸螨灵乳油 2500 倍液、15%哒螨灵乳油 2000 倍液、25%三唑锡可湿性粉剂 1500 倍液喷雾，喷药要均匀周到，以叶片背面为主。

四十一、李叶甲

李叶甲属鞘翅目，肖叶甲科。学名：*Cleoporus variabilis* (Baly)，又名云南松叶甲、云南松金花虫、山跳蚤，分布于全国各桃产区，危害桃、杏、李、石榴等果树的叶。

1. 危害特点　成虫啃食寄主

叶表皮和叶肉，将叶片咬成许多断续而呈网状的孔洞，叶缘部分常不被咬断，致叶片卷曲枯黄。果树受害严重时全株枯黄，重者枯死。

2. 形态鉴别 成虫：雌成虫体长 3～3.8 毫米，雄成虫体长 2.5～3.0 毫米，黑色，有金属光泽，椭圆形；头部隐于前胸背板之下；鞘翅末端钝圆，其上各有 10 条左右连成线状的刻点纵列。卵：长椭圆形，0.5 毫米 ×0.2 毫米，淡黄色。幼虫：体长 4～6 毫米，乳白色，体扁，腹部向腹面弯曲，呈新月形；头及前胸背板黄褐色；胸足 3 对；中胸至第八腹节每节上有 8 个瘤状小突起，生有淡黄色刚毛。蛹：体长 3～4 毫米，宽 2～2.5 毫米，乳白色。（图 2-54）

图 2-54　李叶甲成虫

3. 发生特点 年发生 1 代，以卵在土中越冬。翌年 3 月至 4 月中、下旬幼虫孵化，在土壤表层活动，取食腐殖质、杂草和果木的须根，并在 2～3 厘米的表土内筑土室化蛹。6 月上旬至 7 月成虫羽化出土，飞到寄主上危害。成虫常群栖危害，单株虫口可达数百头乃至上千头。成虫有较强的趋光性，白天喜群栖于阳光终日强烈照射的散生树和疏林上。

4. 防治要点

（1）农业防治：加强果园土肥水和树体管理，保持健壮树势；及时清除园内外杂草，预防和抑制虫害发生。

（2）生物防治：成虫盛发期，用每毫升含 1.5 亿孢子的苏云金杆菌悬浮液喷雾防治。

（3）药剂防治：成虫产卵前，于 7 月上旬到 8 月中旬，在早上 5～9 时成虫不甚活动时，针对该虫集中危害的习性重点防治，可喷洒 50% 敌百虫可湿性粉剂 600～700 倍液或 90% 晶体敌百虫 1000～1500 倍液、10% 氯菊酯乳油 2000～2500 倍液、50% 马拉硫磷乳油 800～1000 倍液等，每隔 15～20 天防治 1 次，连续进行 2～3 次。

四十二、苹毛丽金龟

苹毛丽金龟属鞘翅目，丽金龟科。学名：*Proagopertha lucidula* Faldermann，又名苹毛金龟子、长毛金龟子，分布于全国各桃产区，危害桃、杏、苹果、石榴等果树的叶、花和地下根系。

1. 危害特点　成虫食害嫩叶、芽及花器。幼虫危害地下组织。

2. 形态鉴别　成虫：体长8.9～12.5毫米，宽5.5～7.5毫米；卵圆形至长圆形，除鞘翅和小盾片外，全体密被黄白色茸毛；头胸部古铜色，有光泽；鞘翅茶褐色，具淡绿色光泽，上有纵列成行的细小点刻；触角9节，鳃叶状；从鞘翅上可透视出后翅折叠成"V"字形，腹部末端露出鞘翅。卵：椭圆形，长1.5毫米，乳白色至米黄色。幼虫：体长约15毫米，头黄褐色，体白色略泛黄色，通称"蛴螬"。蛹：12.5毫米×6.0毫米，黄褐色。(图2-55)

图2-55　苹毛丽金龟成虫

3. 发生特点　年发生1代，以成虫在土中越冬。翌春3月下旬成虫出土危害至5月下旬，主要危害蕾花，成虫发生期40～50天。4月中旬至5月上旬成虫产卵于土壤中，卵期20～30天。幼虫发生盛期为5月底至6月初，幼虫期60～80天，危害地下根系，7月底至8月下旬化蛹。9月中旬成虫羽化后即在土中越冬。成虫具假死性，喜食花器，一般先危害杏、桃，后转至苹果、石榴上危害。卵多产于9～25厘米深且土质疏松的土层中。天敌有红尾伯劳、灰山椒鸟、黄鹂等益鸟和朝鲜小庭虎甲、深山虎甲、粗尾拟地甲及寄生蜂、寄生蝇、寄生菌等。

4. 防治要点　此虫虫源来自多方面，特别是荒地虫量最多，故应以消灭成虫为主。

(1) 早、晚张网震落成虫，捕杀之。

(2) 保护利用天敌。

(3) 药剂防治：地面施药，控制潜土成虫。常用药剂有5%辛硫磷颗粒剂，每667平方米用3千克撒施；或50%辛硫磷乳油，每667平方米0.3～0.4千克加细土30～40千克拌匀成毒土撒施或稀释500～600倍液均匀喷于地面。使用辛硫磷后，应及时浅耙，提高防效。于果树开花前，喷洒52.25%农地乐乳油或50%杀螟松乳油、45%马拉硫磷乳油、48%乐斯本乳油1500倍液，或2.5%溴氰菊酯乳油2000～3000倍液等。

四十三、黑绒金龟

黑绒金龟属鞘翅目，鳃角金龟科。学名：*Maladera orientalis* Motschulsky，又名东方金龟子、天鹅绒金龟子、姬天鹅绒金龟子、黑绒鳃金龟，除西藏、云南未见报道外，其余各省、区均有分布，危害桃、杨、石榴等近150种植物的叶、花和地下根系。

1. 危害特点 成虫食害寄主的嫩叶、芽及花；幼虫危害植物的地下组织。

2. 形态鉴别 成虫：体长7~8毫米，宽4.5～5毫米，雄虫略小于雌虫；体卵圆形，前狭后宽；体褐色至黑色；体表具丝绒般光泽，故称天鹅绒金龟子；触角鳃叶状；前胸背板宽为长的2倍。卵：椭圆形，长1.2毫米，乳白色。幼虫：体长14～16毫米，头部黄褐色，体黄白色。蛹：长8毫米，黄褐色。（图2-56，图2-57）

3. 发生特点 年发生1代，以成虫在土中越冬。4月中、下旬出土，5月初至6月上旬为发生盛期。成虫夜间和上午潜伏在地势高燥的草荒地中，下午出土，群集危害，喜食寄主的幼嫩部分，有趋光性和假死性，飞行力较强。6月为产卵盛期，卵散产于植物根际10~20厘米深的表土层中，卵期5～10天。6月中旬幼虫孵化，食害根系。8月中、下旬老熟幼虫潜入地下20～30厘米处，作土室化蛹，并在其中羽化越冬。

4. 防治要点

（1）农业防治：冬、春季深翻园地，消灭地下越冬成虫。

（2）成虫发生期防治：利用其假死性，震落扑杀成虫；用黑光灯诱杀成虫。

（3）药剂防治：用10%辛硫磷颗粒剂处理土壤，杀灭土壤中的幼虫。在成虫发生期，于下午4时后叶面喷洒5%来福灵乳油2000～

图2-56 黑绒金龟成虫

图2-57 黑绒金龟幼虫

4000倍液或2%杀螟松粉剂、50%敌敌畏乳油1000倍液。

四十四、斑衣蜡蝉

斑衣蜡蝉属同翅目，蜡蝉科。学名：*Lycorma delicatula* White，又名椿皮蜡蝉、斑衣、樗鸡、红娘子等，分布全国多数桃产区，危害桃、杏、石榴、核桃等果树的叶、枝。

1. 危害特点　成、若虫刺吸枝、叶的汁液，排泄物常诱发煤污病，削弱树势，严重时引起茎皮枯裂，甚至死亡。

2. 形态鉴别　成虫：体长15～20毫米，翅展39～56毫米，雄虫较雌虫小，体基色暗灰泛红，体翅上常覆白蜡粉；头顶向上翘起呈短角状，触角红色刚毛状；前翅革质，基部2/3为淡灰褐色，散生20余个黑点，端部1/3为暗褐色，脉纹纵向整齐；后翅基部1/3为红色，上有6～10个黑褐色斑点，中部白色、半透明，端部黑色。卵：长椭圆形，长3毫米左右，状似麦粒。若虫：体扁平，头尖长，足长；1～3龄体黑色，布许多白色斑点；4龄体背面红色，布黑色斑纹和白点；末龄体长6.5～7毫米。（图2-58，图2-59）

3. 发生特点　年发生1代，以卵块于枝干上越冬。翌年4～5月孵化。若虫喜群集嫩茎和叶背危害，若虫期约90天，6月下旬至7月羽化。9月交尾、产卵，多产卵在枝杈处的阴面，每块有卵数十粒，卵粒排列成行，上覆灰色土状分泌物。成、若虫均有群集性，较活泼、善跳跃，受惊扰即跳离。成虫以跳助飞，白天活动危害，寿命达4个月，危害至10月下旬陆续死亡。

4. 防治要点

（1）农业防治：冬、春季卵块极好辨认，用硬物挤压卵块消灭。

（2）药剂防治：可喷洒无公害生产允许使用的菊酯类、有机磷等及其复配药剂，常用浓度均有较

图2-58　斑衣蜡蝉成虫

图2-59　斑衣蜡蝉若虫

好效果。由于若虫被有蜡粉，所用药液中混用含油量0.3%～0.4%的柴油乳剂或黏土柴油乳剂可显著提高防效。

四十五、八点广翅蜡蝉

八点广翅蜡蝉属同翅目，广翅蜡蝉科。学名：*Ricania speculum* Walker，又名八点蜡蝉、八点光蝉、八斑蜡蝉、橘八点光蝉、咖啡黑褐蛾蜡蝉、黑羽衣、白雄鸡，分布全国多数桃产区，危害桃、杏、石榴、柑橘等果树的枝、叶。

1. 危害特点 成、若虫刺吸嫩枝、芽、叶汁液；排泄物易引发病害；雌虫产卵时将产卵器刺入嫩枝茎内，破坏枝条组织，被害嫩枝轻则叶枯黄、长势弱且难以形成叶芽和花芽，重则枯死。

2. 形态鉴别 成虫：体长6～7毫米，翅展18～27毫米；头、胸部黑褐色；触角刚毛状；翅革质密布纵横网状脉纹；前翅宽大，略呈三角形，翅面被稀薄白色蜡粉，翅上具灰白色透明斑5～6个；后翅半透明，翅脉煤褐色明显，中室端有1个白色透明斑。卵：长卵圆形，长1.2～1.4毫米，乳白色。若虫：低龄乳白色；成龄体长5～6毫米，宽3.5～4毫米，体略呈钝菱形，暗黄褐色；腹部末端有4束白色绵毛状蜡丝，呈扇状伸出，中间一对略长；蜡丝覆于体背以保护身体，常可呈孔雀开屏状，向上直立或伸向后方。（图2-60）

图2-60 八点广翅蜡蝉成虫

3. 发生特点 年发生1代，以卵在当年生枝条里越冬。若虫5月中、下旬至6月上、中旬孵化，低龄若虫常数头排列于同一嫩枝上刺吸汁液危害，4龄后散害于枝梢叶果间，爬行迅速，善于跳跃，若虫期40～50天。7月上旬成虫羽化，飞行力较强且迅速，寿命50～70天，危害至10月。成虫产卵期30～40天，卵产于当年生嫩枝木质部内，产卵孔排成一纵列，孔外带出部分木丝并覆有白色絮状蜡丝，极易发现与识别。成虫有趋聚产卵的习性，虫量大时被害枝上刺满产卵迹痕。

4. 防治要点

（1）农业防治：冬、春季剪除被害产卵枝，集中烧毁，减少越冬虫源。

（2）药剂防治：虫量多时，于6月中旬至7月上旬若虫羽化危害期，喷洒48%乐斯本乳油1000倍液或10%吡虫啉可湿性粉剂3000~4000倍液。药液中加入含油量0.3%～0.4%的柴油乳剂或黏土柴油乳剂，可溶解虫体蜡粉，显著提高防效。

四十六、黑　蝉

黑蝉属同翅目，蝉科。学名：*Cryptotympana atrata* Fabricius，又名蚱蝉，俗名蚂吱嘹、知了、蜘嘹，分布全国各地，危害桃、杏、石榴、苹果、柑橘等果树的枝条、根系。

1. 危害特点　成虫刺吸枝条汁液，并产卵于1年生枝条木质部内，造成枝条枯萎而死；若虫生活在土中，刺吸根部汁液，削弱树势。（图2-61）

图2-61　黑蝉危害状

2. 形态鉴别　成虫：雌体长40～44毫米，翅展122～125毫米；雄体长43～48毫米，翅展120～130毫米；体黑色，有光泽，被金色绒毛；中胸背板宽大，中间高，并具有“×”形隆起；翅透明；雄虫腹部有鸣器，发出“吱”声长鸣，雌虫则无，但有听器。卵：长椭圆形，2.5毫米×0.5毫米，白色。若虫：初孵乳白色，渐至黄褐色，体长30～37毫米；前足开掘式，能爬行。（图2-62，图2-63）

图2-62　黑蝉成虫

图2-63　黑蝉若虫

3. 发生特点　经12～13年完成1代，以卵于被害树枝内及以若虫于土中越冬。越冬卵于翌年春孵化，若虫孵化后潜入土壤50～80

厘米深处，吸食树木根部汁液，在土中生活12～13年。若虫老熟后，于6～8月出土羽化，羽化盛期为7月。若虫于夜间出土，高峰时间为20～24时，出土后不久即羽化为成虫。成虫寿命60～70天，栖息于树枝上，夜间有趋光扑火的习性，白天“吱、吱”鸣叫之声不绝于耳。成虫产卵于当年生嫩梢木质部内，产卵带长达30厘米左右，产卵伤口深及木质部，受害枝条干缩、翘裂并枯萎。

4. 防治要点

(1) 农业防治：利用若虫出土附在树干上羽化的习性和若虫可食的特点，发动群众于夜晚捕捉食用。成虫发生期，于夜间在园内、外堆草点火，同时摇动树干，诱使成虫扑火自焚。在雌虫产卵期，及时剪除产卵萎蔫枝梢，集中烧毁。

(2) 药剂防治：产卵后入土前，喷洒40%辛硫磷乳油或45%马拉硫磷乳油、50%丙硫磷乳油1000倍液，2.5%敌杀死乳油或10%氯菊酯乳油2000倍液。

四十七、草履蚧

草履蚧属同翅目，绵蚧科。学名：*Drosicha corpulenta* Kuwana，又名草履硕蚧、草鞋蚧壳虫、柿草履蚧，分布全国各地，危害桃、杏、石榴、苹果柑橘等果树的枝、干。

1. 危害特点 若虫和雌成虫刺吸嫩枝芽、叶、枝干和根的汁液，削弱树势，重者致树枯死。

2. 形态鉴别 成虫：雌体长10毫米，扁平椭圆，背面隆起似草鞋，体背淡灰紫色，周缘淡黄，体被白蜡粉和许多微毛，触角黑色丝状，腹部8节，腹部有横皱褶和纵沟；雄体长5～6毫米，翅展9～11毫米，头、胸黑色，腹部深紫红色，触角黑色念珠状，前翅紫黑色至黑色，后翅特化为平衡棒。卵：椭圆形，长1～1.2毫米，淡黄褐色；卵囊长椭圆形，白色，绵状。若虫：体形与雌成虫相似，体小，色深。雄蛹：褐色，圆筒形，长5～6毫米。(图2-64)

图2-64 草履蚧雌成虫

3. 发生特点 年发生1代，以卵和若虫在土缝、石块下或10～12厘米深的土层中越冬。卵于2月至3月上旬孵化为若虫并出土上树，初多于嫩枝、幼芽上危害，行动迟缓，喜于皮缝、枝叉等隐蔽处群栖，稍大喜于较粗的枝条阴面群集危害；雌若虫5月中旬至6月上旬羽化，危害至6月陆续下树入土分泌卵囊，产卵于其中，以卵越夏越冬。天敌有红环瓢虫、暗红瓢虫等。

4．防治要点

（1）雌成虫下树产卵前，在树干基部挖坑，内放杂草等诱集产卵，后集中处理。

（2）阻止初龄若虫上树：将树干老翘皮刮除10厘米宽一周，上涂胶或废机油，隔10～15天涂1次，持续涂2～3次，注意及时清除环下的若虫。树干光滑者可直接涂。

（3）保护、利用天敌。

（4）药剂防治：若虫发生期喷洒48%乐斯本乳油1500倍液或2.5%敌杀死乳油2000倍液、5%来福灵乳油2000～3000倍液，隔7～10天喷1次，连续防治3～4次。

四十八、桃介壳虫

桃介壳虫属同翅目，盾蚧科。学名：*Pseudaulacaspis pentagona* Targioni，又名桑盾蚧、桑介壳虫、桑介、桑白蚧，分布全国各地，危害桃、杏、李等核果类果树的干、枝。

1．危害特点　若虫和雌成虫群集在枝干上刺吸汁液，被害枝条被虫体覆盖呈灰白色，也危害果、叶，削弱树势，重者致树枯死。

2．形态鉴别　成虫：雌虫无翅，体长0.9～1.2毫米，淡黄色至橙黄色，介壳近圆形，直径2～2.5毫米，灰白色至黄褐色；雄虫只有1对灰白色前翅，体长0.6～0.7毫米，翅展约1.8毫米，介壳白色、细长，长1.2～1.5毫米。卵：椭圆形，橘红色。若虫：淡黄褐色，扁椭圆形，常分泌绵毛状物盖在体上。蛹：仅雄虫有，长椭圆形，长约0.7毫米，橙黄色。（图2-65，图2-66）

图2-65　桃介壳虫雄介壳

图2-66　桃介壳虫雌介壳

3. 发生特点 年发生2～5代，北方地区2代，浙江地区3代，广东地区5代，均以受精雌成虫在2年生以上的枝条上群集越冬。翌春果树萌芽时，越冬成虫开始危害，4月下旬至5月中旬产卵。5月中、下旬初孵若虫分散爬行到枝条背阴处取食，并固贴在枝条上分泌绵毛状蜡丝，形成介壳，第一代若虫期40～50天。6月下旬至7月上、中旬第一代成虫羽化，继续产卵于介壳下，卵期10天左右。第二代若虫发生在8月，若虫期30～40天。9月出现雄成虫。雌虫危害至9月下旬后越冬。天敌主要有红点唇瓢虫等。

4. 防治要点

（1）农业防治：冬、春季枝条上的雌虫介壳很明显，可用硬毛刷等刷掉越冬雌虫或剪除虫体较多的辅养枝，刷后以石灰水涂干。

（2）药剂防治：冬前及春季果树发芽前，用5～7波美度石硫合剂涂刷枝条或喷雾，或用5%柴油乳剂或99%绿颖乳油（机油乳剂）50～80倍液喷雾，消灭越冬雌成虫；5月中、下旬若虫孵化期，用48%乐斯本乳油或52.5%农地乐乳油、10%氯氰菊酯乳油2000倍液，25%扑虱灵可湿性粉剂1000～1500倍液、50%杀螟硫磷乳油1000倍液喷雾。

四十九、枣龟蜡蚧

枣龟蜡蚧属同翅目，蜡蚧科。学名：*Ceroplastes japonicus* Green，又名日本蜡蚧、日本龟蜡蚧、龟蜡蚧、龟甲蜡蚧，俗称枣虱子，除新疆、西藏未见报道外，其他各产区均有发生，危害桃、枣、杏、石榴柑橘等果树的枝、叶。

1. 危害特点 若虫固贴在叶面上吸食汁液；排泄物布满枝叶，7～8月间的雨季易引起大量煤污菌寄生，使叶、枝条、果实布满黑霉，影响光合作用和果实生长。

2. 形态鉴别 成虫：雌体椭圆形，紫红色，背覆白蜡质蚧壳，表面有龟状凹纹，体长约3毫米，宽2～2.5毫米；雄体长1.3毫米，翅展2.2毫米，体棕褐色，头及前胸背板色深，触角丝状，翅1对白色透明。卵：椭圆形，长径约0.3毫米，橙黄色至紫红色。若虫：体扁平椭圆形，长0.5毫米，后期虫体周围出现白色蜡壳。蛹：仅雄虫在蚧壳下化为裸蛹，梭形，棕褐色。（图2-67，图2-68）

3. 发生特点 年发生1代，以受精雌虫密集在1～2年生小枝上越冬。越冬雌虫4月初开始取食，5月下旬至7月中旬产卵，卵期10～24天，6月中旬至7月上旬孵化；初孵若虫多爬到嫩枝、叶

图 2-67　枣龟蜡蚧雌介壳

图 2-68　枣龟蜡蚧雄介壳

柄、叶面上固着取食，8 月初雌、雄开始性分化，8 月下旬至 10 月上旬雄虫羽化，交配后即死亡，雌虫陆续由叶转到枝上固着危害，至秋后越冬。卵孵化期间，空气湿度大，气温正常，卵的孵化率和若虫成活率高。天敌有瓢虫、草蛉、长盾金小蜂、姬小蜂等。

4. 防治要点　防治关键期是雌虫越冬期和夏季若虫前期。

(1) 农业防治：从 11 月至翌年 3 月刮刷树皮裂缝中的越冬雌成虫，剪除虫枝；冬、春季遇雨雪天气，及时敲打树枝震落冰凌，可使越冬雌虫随冰凌震落。

(2) 保护、利用天敌。

(3) 药剂防治：在 6 月末、7 月初，喷洒 50% 可湿性西维因 400 ~ 500 倍液或 50% 敌敌畏乳油 1000 倍液等；秋后或早春喷洒 5% 的柴油乳剂防效好。

五十、桃红颈天牛

桃红颈天牛属鞘翅目，天牛科。学名：*Aromia bugii* Fald.，又名红颈天牛、铁炮虫、哈虫，分布全国多数产区，危害桃、杏、樱桃、苹果、柑橘等核果类果树的干。

1. 危害特点　幼虫于韧皮部和木质部间蛀食，向下蛀弯曲隧道，内有粪屑，长达 50 ~ 60 厘米，隔一定距离向外蛀一排粪孔，致树势衰弱或枯死。

2. 形态鉴别　成虫：体长 28 ~ 37 毫米，体黑蓝，有光泽；触角丝状，11 节，超过体长；前胸中部棕红色，背面具瘤状突起 4 个，侧刺突端尖锐；鞘翅基部宽于胸部，后端略窄，表面光滑。卵：长椭圆形，长 6 ~ 7 毫米，乳白色。幼虫：体长 42 ~ 50 毫米，黄白色；前胸背板横长方形，前半部横列黄褐色斑块 4 个，背面 2 个横长方形，后半部色淡，有纵皱纹。蛹：长 26 ~ 36 毫米，淡黄白色至黑色。(图 2-69)

图 2-69 桃红颈天牛成虫

3. 发生特点 2～3 年完成 1 代，以各龄幼虫越冬，寄主萌动后开始危害。成虫发生期为南方地区 5 月下旬，北方地区 7 月上、中旬至 8 月中旬。成虫羽化后 3～5 天即产卵于距地面 35 厘米以内的树皮裂缝中，卵期 7～9 天。幼虫孵化后先蛀入韧皮部与木质部之间危害，虫体长大后才蛀入木质部危害，多由上向下蛀食成 30～60 厘米长的弯曲隧道，可达主根分叉处，隔一定距离向外蛀一排粪孔，粪屑堆积于地面或枝干上。幼虫期 23～35 个月，经 2～3 个冬天始老熟化蛹，蛹期 17～30 天。天敌有肿腿蜂等。

4. 防治要点

（1）农业防治：成虫发生期，白天捕杀成虫；幼虫孵化后检查枝干，发现新排粪孔时，用铁丝刺到隧道底部，上下反复几次，刺杀幼虫；及时清除死树和死枝，消灭虫源；在树干上涂刷石灰硫磺混合涂白剂（生石灰 10 份、硫磺 1 份、水 40 份），防止成虫产卵。

（2）保护、利用天敌防治。

（3）药剂防治：6～9 月发现排粪孔后，初期可用 80% 敌敌畏乳油 10～20 倍液涂抹排粪孔；防治晚时可先清除其中的粪便、木屑，然后塞入蘸有 80% 敌敌畏乳油 10～20 倍液的棉球或药泥，杀虫效果均良好。

五十一、桃小蠹

桃小蠹属鞘翅目，小蠹科。学名：*Scolytus seulensis* Murayama，又名多毛小蠹，分布于长江以北桃产区，危害桃、杏、李、樱桃、梨等果树的枝干。

1. 危害特点 成、幼虫蛀食枝干韧皮部和木质部，蛀道于其间，常造成枝干枯死。母坑道单纵向长约 4 厘米，子坑道密集于母坑道两侧，长 4～5 厘米。

2. 形态鉴别 成虫：体长 2.7～4.5 毫米，黑色；鞘翅暗褐色，有光泽；头短小，触角锤状；体密布细刻点，鞘翅上有较浅的纵刻点列；腹部末端腹面斜截形；雄虫第七背板有 1 对大刚毛。卵：圆形，乳白色，长约 1 毫米。幼虫：体长 4～5 毫米，乳白色，略向腹面弯，无足，头较小，黄褐色。蛹：

长约 2.7～4.5 毫米，乳白色至黑色。（图 2-70）

图 2-70　桃小蠹成虫

3. 发生特点　年发生 1 代，以幼虫在坑道内越冬。翌春，幼虫老熟于子坑道端并蛀圆筒形蛹室化蛹。成虫羽化后咬圆形羽化孔爬出。6 月间成虫出现并交配，多选择衰弱的枝干上蛀入皮层，在韧皮部与木质部间蛀纵向母坑道，并产卵于母坑道两侧。幼虫孵化后分别在母坑道两侧横向蛀子坑道，略呈“非”字形，初期互不相扰近于平行，随虫体增长，坑道弯曲混乱交错，加速枝干死亡。秋后以幼虫于坑道端越冬。

4. 防治要点

（1）农业防治：加强管理，增强树势；彻底剪除有虫枝和衰弱枝，集中处理；成虫出树前，田间放置半枯死或整枝剪掉的树枝，诱集成虫产卵，产卵后集中处理，可减少发生与危害。

（2）药剂防治：成虫羽化初期，枝干涂刷高效低毒杀虫剂，如 50% 马拉硫磷乳油或 80% 敌敌畏乳油、菊酯类药剂 200～300 倍液，触杀成虫效果良好。成虫出树后产卵前，树上喷洒 50% 辛硫磷乳油 1000 倍液、50% 马拉硫磷乳油或 80% 敌敌畏乳油 1500 倍液、20% 速灭杀丁乳油 2000 倍液，毒杀成虫效果良好，枝干涂药或喷雾均隔 15 天进行一次，连续进行 2～3 次即可。

五十二、六星黑点蠹蛾

六星黑点蠹蛾属鳞翅目，木蠹蛾科。学名：*Zeuzera leuconotum* Butler，又名白背斑蠹蛾、栎干蠹蛾、枣树截干虫、胡麻布蠹蛾、豹纹蠹蛾，分布于华东、华中、华南及西南等产区，危害桃、枣、石榴、苹果等果树的干。

1. 危害特点　幼虫蛀入枝干皮层和髓心部危害，致受害处以上枝条生长衰弱，重者枯死，对树体生长和开花结果影响较大。

2. 形态鉴别　成虫：雌体长 18～30 毫米，翅展 33～46 毫米，体被灰白色鳞片，触角丝状，胸背具 6 个近圆形黑斑，前翅有 10 个椭圆形黑斑点，后翅前半部也布较小黑斑，腹部赤褐色，每节均生宽的黑横带，腹部各节有 3 块黑斑；雄体长 18～23 毫米，触角双栉齿状，其他特征与雌蛾类似。卵：长椭圆形，长0.9～1毫米，浅黄色。幼虫：体长35～65毫米，头部黑色，大颚黑色、发达，前胸板、臀板黄褐色至黑褐色；前胸背板前缘有一横脊状突起；胸部浅黄色，背部浅红色，各节具小黑点数个。蛹：长15～29毫米，浅红褐色。(图2-71)

图2-71 六星黑点蠹蛾成虫

3. 发生特点 多数地区年发生1代，河南地区2年完成1代，以幼虫在受害枝干内越冬。陕西地区4月中旬化蛹，5月中、下旬成虫羽化产卵；河南地区翌年5～6月间幼虫在隧道内化蛹，成虫7月羽化。成虫趋光性强，卵多成堆产在中龄枝干树皮上，每堆100～300粒，卵期15天左右。初孵幼虫爬行迅速，受惊吐丝下垂。幼虫从幼嫩枝芽腋处蛀入枝条髓心处危害，从尖端分段下移，大龄幼虫蛀害木质部及髓心部分，常导致枝干萎蔫枯死，果实脱落。老熟幼虫在隧道里作茧化蛹。羽化时，从羽化孔伸出半截蛹体羽化，蛹皮留在羽化孔处。

4. 防治要点

(1) 农业防治：幼虫化蛹至羽化前及时剪掉干枯的枝条，2～7月发现园内有枯黄枝叶也应及时剪除，集中烧毁。坚持实施2年可基本控制其危害。

(2) 保护和利用天敌：小茧蜂在越冬后的幼虫体上可连续繁殖2代，在剪拾有虫枝条内常有一定数量的寄生蜂，将虫枝分捆立于林地内，让蜂自然扩散，待5月上旬害虫化蛹后收集虫枝烧毁，消灭虫枝中的害虫。

(3) 药剂防治：在卵孵化盛期、初孵幼虫蛀入枝干危害前，喷洒30%乙酰甲胺磷或50%杀螟松乳油1000～1500倍液，能收到良好的杀虫效果。在幼虫初蛀入韧皮部时，用40%毒死蜱柴油液（1∶9），或50%杀螟松乳油柴油溶液涂虫孔，杀虫率可达100%。

第三章

桃园害虫主要天敌保护与鉴别利用

一、食虫瓢虫

食虫瓢虫属鞘翅目，瓢虫科。瓢虫的种类多达4000多种，其中80%以上是肉食性的，常见的有七星瓢虫（图3-1，图3-2）、小红瓢虫、大红瓢虫、异色瓢虫、黑背小毛瓢虫、澳洲瓢虫、深点食螨瓢虫、黑襟毛瓢虫、龟纹瓢虫、孟氏隐唇瓢虫等，均为天敌昆虫，全国各产区均有分布。我国利用瓢虫防治果树害虫已达数十种。

1. 防治对象 以成虫、幼虫捕食叶螨、蚜虫、蚧壳虫、粉虱、木虱、叶蝉等小体型昆虫及鳞翅目低龄幼虫和卵。

2. 生活习性 捕食性瓢虫食量很大，如异色瓢虫的1龄幼虫每天捕食蚜虫数量为10～30头，4龄幼虫为每天100～200头，成虫食量更大。而深点食螨瓢虫能捕食果树、蔬菜、花卉及林木中的多种螨类的成虫、若虫和卵，它的成虫和幼虫发生时期长，世代重叠，食量大，对果树上的螨类有较好的控制作用。

3. 利用方法

（1）利用七星瓢虫等防治果树蚜虫：食蚜瓢虫除七星瓢虫外，还有异色瓢虫、龟纹瓢虫、六斑月瓢虫。于4～5月把麦田的上述瓢

图3-1　七星瓢虫成虫

图3-2　七星瓢虫幼虫

虫引移到果园，每667平方米移入1000头以上，可有效地防治果树蚜虫；也可在早春利用田间的蚜虫饲养繁殖瓢虫，然后散放到果园中控制果树蚜虫，效果好。

（2）利用澳洲瓢虫、大红瓢虫、小红瓢虫防治果树害虫吹绵蚧：4～6月移殖散放到果园中心枝叶茂密、吹绵蚧多的果树上，每500株受害树散放200头成虫，散放后2个月可消灭吹绵蚧。

（3）利用食螨瓢虫防治果树害螨：常用的有深点食螨瓢虫、广东食螨瓢虫、拟小食螨瓢虫、腹管食螨瓢虫。生产上，华北地区用深点食螨瓢虫防治苹果叶螨效果很好，后3种分布于东南各省。在4～5月和9～10月将食螨瓢虫散放在桃枝条上，于每667平方米果园中央10株放200～400头，可控制山楂叶螨等。

二、草　蛉

草蛉属脉翅目，草蛉科。幼虫又称蚜狮。草蛉种类多，分布广，食性杂，已知有86属1350多种，中国有15属100余种，常见的有中华草蛉、大草蛉、丽草蛉、叶色草蛉、晋草蛉等，分布在长江流域及北方各省，普通草蛉分布在新疆、黄淮、台湾等地。（图3-3）

图3-3　草蛉成虫

1. 防治对象　草蛉是捕食性天敌昆虫。成虫、幼虫捕食螨类、蚜虫类、白粉虱、叶蝉、蚧壳虫、蓟马等多种小体型害虫以及蝶蛾类和叶甲类的卵和幼虫。

2. 生活习性　草蛉食量大，行动迅速，捕食能力强。草蛉在华北地区年发生3～5代。其成虫产卵量大，少者300～400粒，多者达1000粒以上。草蛉发育一代需22～43天。1头大草蛉幼虫一生可捕食各类蚜虫600头以上；1头中华草蛉1～3龄幼虫平均日最多可捕食若螨400～700头左右，同时还可捕食其他害虫的卵和幼虫。中华草蛉控制害虫的作用非常明显。

3. 利用方法　晋草蛉嗜食螨类，可用于防治山楂叶螨、卵形短须螨。大草蛉嗜食蚜虫，用于防治杏树上的蚜虫。利用方法是：在上述螨类、蚜虫初发时投放即将孵化的灰色蛉卵；也可把蛉卵放入1%琼脂液中，用喷雾法施放。

草蛉的饲养：将新羽化的成虫集中大笼饲养，喂饲清水和啤酒酵母干粉加食糖混合（10∶8）的人工饲料；进入产卵前期转入产卵笼饲喂，每笼养雌草蛉50～75头，搭配少量雄虫，笼内壁围衬卵箔纸，24小时可获草蛉卵700～1000粒，每天更换卵箔纸1次，添加清水和饲料；把卵箔装进塑料袋，封口，置于8～12℃条件下，存放30天，卵仍可孵化。

三、寄生蜂、蝇类

（一）寄生蜂

寄生蜂属膜翅目，分属姬蜂科、小蜂科等，种类多，分布广，我国应用较多的有赤眼蜂、蚜茧蜂、甲腹茧蜂、跳小蜂和姬小蜂、姬蜂和茧蜂等。

1. 防治对象　以雌成虫产卵于鳞翅目害虫，如桃蛀螟、果剑纹夜蛾、刺蛾、桃小食心虫、卷叶蛾及蚜虫等寄主体内或体外，以幼虫取食寄主的体液摄取营养，致寄主死亡。

2. 生活习性　不同的寄生蜂对寄主的寄生方式不同，可以分别寄生卵、幼虫、蛹和成虫、若虫。

（1）赤眼蜂：是一种寄生在害虫卵内的寄生蜂，我国应用较多的有松毛虫赤眼蜂、拟澳洲赤眼蜂、舟蛾赤眼蜂及稻螟赤眼蜂等。该类蜂体型很小，眼睛鲜红色，故名赤眼蜂。它能寄生400余种昆虫的卵，尤其喜欢寄生鳞翅目昆虫的卵，例如桃树上的刺蛾等，是果园害虫的重要天敌。果树上常见的松毛虫赤眼蜂，在自然条件下，华北地区年发生10～14代，每头雌蜂可繁殖子代40～176头。利用松毛虫赤眼蜂防治果园梨小食心虫，每667平方米放蜂量8万～10万头，梨小食心虫卵寄生率为90%，虫害明显降低，其效果明显好于化学防治。

（2）蚜茧蜂：是一种寄生在蚜虫体内的重要天敌。蚜茧蜂在4～10月均有成虫发生，每头雌蜂产卵量数粒至数百粒，尤其喜欢寄生2～3龄若蚜，6～9月寄生率较高，有时寄生率高达80%～90%，对蚜虫种群有重要的抑制作用。

（3）甲腹茧蜂：果园常见的是桃小甲腹茧蜂，年发生2代，寄主为桃小食心虫，以幼虫在桃小食心虫越冬幼虫体内越冬，世代发生与寄主同步，寄生率可达25%～50%。

（4）跳小蜂和姬小蜂：为旋纹潜叶蛾的主要天敌，均在寄主蛹内越冬，年发生4～5代，越冬代成虫5月将卵产于寄主幼虫体内，寄生率可达40%以上。

（5）姬蜂和茧蜂：可寄生多种害虫的幼虫和蛹，桃树上主要有桃小食心虫白茧蜂和花斑马尾姬蜂。白茧蜂年发生4～5代，产卵于寄主卵内，随寄主卵孵化而取食发育，直至将寄主幼虫致死。马尾姬蜂年发生2代，以幼虫在寄主幼虫体内越冬，翌春待寄主化蛹后将其食尽，并在寄主蛹壳内化蛹。

3. 利用方法 以赤眼蜂为例。用米蛾、蓖麻蚕、柞蚕及松毛虫的卵繁殖松毛虫赤眼蜂和拟澳洲赤眼蜂，这两种赤眼蜂在蓖麻蚕卵内，25℃发育历期10～12天，每年可繁殖30～50代。繁殖时可从田间采集被赤眼蜂寄生的卵，羽化后进行鉴定再饲养。用于寄生的蓖麻蚕卵先洗掉表面胶质，用白纸涂薄胶后，把蚕卵均匀粘上，制成卵箔或称卵卡。繁蜂时把卵箔置于繁蜂箱透光一面，当种蜂羽化30%～40%时接蜂，成蜂趋光并趋向蚕卵寄生。种蜂和蓖麻蚕卵的比为2∶1或1∶1，适温25～28℃，相对湿度以85%～90%为适。田间放蜂、繁蜂及防治对象的卵期应掌握恰当才能有效。制好的蜂卡要在蜂发育到幼虫期或预蛹期时置于10℃以下冷藏保存，50～90天内羽化率不低于70%。放蜂时，把即将羽化的预制蜂卡按布局分放在田间，使其自然羽化；也可先在室内使蜂羽化，再饲以糖蜜，然后到田间均匀释放。防治发生代数较多或产卵期较长的害虫时，应在害虫产卵期内多次放蜂。

（二）寄生蝇

寄生蝇属双翅目，寄蝇科，是果园害虫幼虫和蛹的主要天敌，防治对象与寄生蜂类基本相同。其与苍蝇的主要区别是身上有很多刚毛，种类很多，果树上常见的有卷叶蛾赛寄蝇、伞裙追寄蝇等，寄主为桃小食心虫、大袋蛾、棉铃虫、小地老虎等。

四、捕食螨

捕食螨属蛛形纲，分属不同的科，是以捕食害螨为主的有益螨类的统称。我国有利用价值的捕食螨种类有智利小植绥螨、东方植绥螨、尼氏钝绥螨、穗氏钝螨、东方钝绥螨、拟长毛钝绥螨、西方盲走螨等。

1. 防治对象 以成、若虫捕食害螨和蚜虫、介壳虫、叶蝉等小体型害虫和卵。

2. 生活习性 在捕食螨中，以植绥螨最为理想，它捕食凶猛，具有发育周期短、捕食范围广、捕食量大等特点。1头雌螨能消灭5头害螨在半月内繁殖的群体，同时还捕食一些蚜虫、介壳虫等小体型害虫。植绥螨发生代数因种类而异，一般年发生8～12代，以雌成虫在枝干树皮裂缝或翘皮下越冬。幼螨孵化后随即取食，成、若螨均可捕食害螨的各虫态。

3. 利用方法

（1）我国对几种植绥螨的饲养繁殖多采用隔水法：在瓷盆内垫泡沫塑料，上盖一层薄膜，饲料和植绥螨放在薄膜上，盘中加浅水隔离，防止植绥螨逃逸。饲料以喜食的害螨为主，也可用20%～50%的蜂蜜水、鲜花粉或干燥2年的柑橘花粉。

（2）适时在果园中释放植绥螨：果园内种植益螨栖息植物，如豆类等，增加其栖息场所和食料来源；合理灌溉，提高果园相对湿度；加强测报，必要时进行挑治，以利益螨繁殖，使益螨种群数量增加，维持益、害螨之间的数量平衡，把害螨控制在经济阈值允许的范围之内。

五、蜘　蛛

蜘蛛属蜘蛛纲，蛛形目，种类多，种群的数量大，分属不同的科。我国有3000多种，现已定名1500余种，其中80%生活在果园中，是害虫的主要天敌，如三突花蛛、草间小黑蛛、八斑球腹蛛、拟水狼蛛等。（图3-4）

图3-4　蜘蛛成蛛

1. 防治对象　捕食同翅目、鳞翅目、直翅目、半翅目、鞘翅目等多种害虫，如蚜虫、花弄蝶、毛虫类、蝽象、叶蝉、飞虱、卷叶蛾等的成虫、幼虫和卵。

2. 生活习性　蜘蛛寿命较长，小体型为半年以上，大体型可达多年；两性生殖，雄蛛体小，出现时间短，通常采到的多为雌蛛；抗逆性强，耐高温、低温和饥饿；为肉食性动物，性情凶猛，行动敏捷，专食活体，在它的视力范围或丝网附近的猎物很少能够逃脱；分结网和不结网两类，前者在地面土壤间隙做穴结网或在树冠上、草丛中结网，捕食落入网中的害虫，后者在地面游猎捕食地面和地下的害虫，也可从树上、草丛、水面或墙壁等处猎食，无固定的栖息场所。捕食时先用螯肢刺入活虫体内，注入毒液使之麻痹，然后取食。

3. 利用方法

（1）创造适于蜘蛛生存的环

境条件，特别注意不要人为破坏蜘蛛结的丝网；收集田边、沟边杂草等处的蜘蛛，助其迁入果园。

（2）人工繁殖：人工繁殖母蛛越冬，待其产卵孵化后，分批释放至果园，增加果园有益蛛量；或于2～3月在田间收集越冬卵囊，冷藏在0℃左右的低温下，经40天对孵化无影响，待桃发芽后放入果园。

（3）防治害虫时选择高效低毒农药，不准用剧毒农药，以免伤及害虫天敌。

六、食蚜蝇

食蚜蝇属双翅目，食蚜蝇科，种类多，分布广，主要有黑带食蚜蝇、斜斑额食蚜蝇等。

1．防治对象 捕食果树蚜虫、叶蝉、介壳虫、飞虱、蓟马、叶螨等小体型害虫和蝶蛾类害虫的卵和初龄幼虫。

2．生活习性 成虫颇似蜜蜂，但腹部背面大多有黄色横带，喜取食花粉和花蜜。卵单产，白色，大多产于蚜虫群中或其周围。黑带食蚜蝇是果园中较常见的一种。幼虫蛆形，头尖尾钝，体壁上有纵向条纹，碰到蚜虫就用口器咬住不放，举在空中吸食，把体液吸干后丢弃在一旁，继续捕食。幼虫孵化后即可捕食蚜虫，每只幼虫一生可捕食数百头至数千头蚜虫。黑带食蚜蝇在华北地区年发生4～5代，卵期3～4天，幼虫期9～11天，蛹期7～9天，多以末龄幼虫或蛹在植物根际土中越冬，翌春4月上旬成虫出现，4月下旬在果树及其他植物上活动取食，5～6月各虫态发生数量较多，7～8月蚜虫等食料缺乏时，幼虫在叶背或卷叶中化蛹越夏，秋季又继续取食或转移至果园附近农田或林木上产卵，孵化后继续取食蚜虫，秋后入土化蛹。

3．利用方法

（1）种植蜜源植物，招引和诱集食蚜蝇繁衍。

（2）人工繁殖和释放。

（3）提倡使用高效低毒低残留农药，禁用剧毒农药，保护天敌。

七、食虫蝽象

食虫蝽象属半翅目，蝽总科，是果园害虫天敌的一大类群，种类很多，主要有茶色广喙蝽、东亚小花蝽、小黑花蝽、黑顶黄花蝽、白带猎蝽、褐猎蝽等。

1．防治对象 以成、若虫捕食蚜虫、叶螨、介壳类、叶蝉、蓟马、蝽象以及鳞翅目、鞘翅目害虫的卵及低龄幼虫。

2．生活习性 食虫蝽象与有害蝽象的区别：有害蝽象有臭味，其喙由头顶下方紧贴头下，直接向体后伸出，不呈钩状；而食虫蝽象大多无臭味，喙坚硬如锥，基部向前延伸，弯曲或呈钩状，不紧贴头下。在北方果区多数食虫蝽象年发生4代，发生期4～10月，以雌成虫在果树枝、干的翘皮下越冬，翌年4月开始活动取食。若虫孵化后即可以取食，专门吸食害虫的卵汁或幼、若虫体液。食虫蝽象捕食能力很强，1头小黑花蝽成虫日平均捕食各种虫态叶螨20头、卵20粒、蚜虫27头。

3．利用方法

（1）创造适于天敌活动的环境条件，招引和诱集天敌。

（2）人工繁殖和释放。

（3）果园用药要选用对天敌杀伤力小的农药，保护天敌。

八、螳　螂

螳螂属螳螂目，螳螂科，俗称“砍刀”，种类多，分布广，我国有50多种，常见的有广腹螳螂、大刀螳螂、薄翅螳螂、中华螳螂等。(图3-5)

图3-5　螳螂

1．防治对象　捕食蚜虫类、蛾蝶类、甲虫类、蝽象类等60多种果园害虫，食性很杂。

2．生活习性　北方果区年发生1代，以卵在树枝上越冬。每年5月下旬至6月下旬孵化为若虫，8月羽化为成虫，成虫交尾后，雌成虫即将雄成虫吃掉，9月后产卵越冬。自春至秋田间均有发生，成、若虫期100～150天，其间均可捕食害虫。若虫具有跳跃捕食习性。1～3龄若虫喜食蚜虫，特别是有翅蚜；3龄以后嗜食体壁较软的鳞翅目害虫；成虫则可捕食各类虫态的害虫。螳螂食量大，1只螳螂一生可捕食害虫2000多头。其捕食有两大特点，一是只捕食活的猎物；二是即使吃饱了，见到猎物不吃也要杀死，即螳螂特有的杀死性。

3．利用方法

（1）人工繁殖和释放：螳螂产卵后，采集产有螳螂卵的枝条，放在室内保护越冬，第2年待初孵若虫出现时释放到果园，每667平方米释放200～300头。

（2）注意化学药剂的品种选择、喷药量和喷药时期，尽量避免在杀死害虫的同时也杀死螳螂。

九、白僵菌

白僵菌为虫生真菌，属半知菌类，是昆虫的主要病原真菌。

1. 防治对象　可防治鳞翅目、鞘翅目、半翅目、同翅目、直翅目、膜翅目等200多种害虫的幼虫，如危害果树的桃小食心虫、桃蛀螟、刺蛾类、夜蛾类、梨虎象、柑橘卷叶蛾、拟小黄卷蛾、褐带长卷蛾、后黄卷叶蛾、荔枝蝽等。

2. 作用机理　白僵菌菌剂一般为白色至灰白色粉状物，是白僵菌的分生孢子，国产白僵菌粉剂，每克含活孢子50亿~80亿个。菌剂喷洒到害虫体上后，菌丝穿透幼虫体壁，在体内大量繁殖，约经2~3天致害虫死亡。死虫体壁坚硬，体表长满白色菌丝及孢子，称为白僵虫。虫体上的孢子随风扩散，遇到其他害虫又可传染，使害虫致病死亡。白僵菌寄主专一性强（对桃小食心虫的自然寄生率可达20%~60%），持效性长，可保护天敌，致死害虫速度虽不及化学农药效果明显，但对环境不会造成污染。

3. 利用方法

（1）用于防治桃小食心虫和蛴螬：在桃园桃小食心虫越冬幼虫出土和脱果初期以及蛴螬活动盛期，树下地面喷洒白僵菌粉每平方米8克，与25%辛硫磷微胶囊剂每平方米0.3毫升的混合液，防效明显。用白僵菌高效菌株B-66处理地面，可使桃小食心虫出土幼虫大量感病死亡，幼虫僵死率达85.6%，并显著降低蛾、卵数量。

（2）防治蚜虫：在蚜虫发生严重时喷洒白僵菌制剂，感染该菌的蚜虫死后表面呈白色，症状明显。

利用白僵菌制剂防治害虫时，菌液要随配随用，配好的菌液应在2小时内喷完，以免孢子过早萌发，失去致病力；田间湿度大、菌剂与虫体接触，防治效果才好。

十、苏云金杆菌

苏云金杆菌属细菌，亦称“424”，另杀螟杆菌、青虫菌、松毛虫杆菌、“7216”等都属于苏云金杆菌类。利用其制成的杀虫剂称为细菌杀虫剂。

1. 防治对象　能杀死农、林、果木的多种害虫，尤其对鳞翅目幼虫如刺蛾类、卷叶蛾类、桃蛀螟、桃小食心虫、枣尺蠖等）防治效果好，且对草蛉、瓢虫等捕食性天敌无害。

2. 作用机理　是目前世界上产量最大的微生物杀虫剂，已有100多种商品制剂。其制剂因采用的原料和方法不同，呈浅黄色、黄褐色或黑色粉末，每克含活孢子100亿~300亿个，可以喷雾、喷粉、泼浇或制成毒土和颗粒剂。杀虫细菌是一种好气性细菌，芽孢对高温忍耐力较强，制剂不受潮湿、保存适当可数年不丧失毒力。其杀虫机理是：害虫食菌后破坏害虫的肠道，影响取食，致害虫死亡。杀虫效果对老熟幼虫比幼龄害虫好。

3．利用方法

（1）喷雾防治桃蛀螟、刺蛾和卷叶蛾类：选择有露水的早晨或空气湿度较大的傍晚，用每克含活孢子数为100亿的菌粉300～500倍液喷雾，使用时加0.1%的洗衣粉或豆面作为黏着剂，提高防治效果。

（2）菌粉应放在干燥阴凉处保存，避免水湿、曝晒；对家蚕有毒，严禁在桑园使用；因杀虫速度比化学农药慢，施药期应稍加提前。

十一、核多角体病毒

感染昆虫的病毒有三大类，即多角体病毒、颗粒病毒和无包涵病毒，其中利用最多的是多角体病毒。

1．防治对象　致使近200种昆虫感染发病，主要是鳞翅目幼虫，如大袋蛾等。

2．利用方法　饲养健康的幼虫至3龄末时，用带病毒的饲料喂食使其感染，3天后幼虫开始死亡；将死虫收集在棕色瓶里，即制成毒剂，贮存备用。防治大袋蛾时，可在卵盛期喷布。每667平方米用30～50头死虫，研碎后用2层纱布过滤，再用少量清水冲洗，加至所需水量；每667平方米所用病毒制剂内加30克充分研碎的活性炭保护剂可提高防效。每代需喷2～3次，相隔5～7天。以此法防治2次的防效达84%以上，高于其他化学农药，且可以保护天敌。

十二、食虫鸟类

我国以昆虫为主要食料的鸟类约有600种，常见的有大山雀、燕子、大杜鹃、大斑啄木鸟、灰喜鹊、黄鹂、柳莺等。

1．防治对象　可啄食多种农、林、果木的害虫，主要有叶蝉、叶蜂、蚜虫、木虱、蝽象、金龟甲、蝶蛾类幼虫等，果园内所有害虫都可能被取食，对害虫的控制作用非常大。虽然鸟类也啄食成熟的桃果，使桃失去食用价值，但利大于弊。

2．生活习性

（1）大山雀：山区、平原均有分布，地方性留鸟，喜在果园及灌木丛中活动，善跳跃和飞翔。其多在树洞、墙洞中筑巢，产卵3～5枚；食量很大，1头大山雀1天捕食害虫的数量相当于自身体重。在大山雀的食物中，农林害虫数量约占80%。

（2）大杜鹃：夏候鸟或旅鸟，和鸽子大小相近，喜栖息在开阔的林地，以取食大型害虫为主，特别喜食一般鸟类不敢啄食的毛虫，如刺蛾等害虫的幼虫。1头成年杜鹃1天可捕食300多头大型害虫。

（3）大斑啄木鸟：身体上黑下白，尾下呈红色。在树上活动时，一面攀登，一面以嘴快速叩树，叩树之声不绝于耳，若树上有虫，则快速啄破树皮，用舌钩出害虫吞食，主要捕食鞘翅目害虫、蝽象、天牛蛀干幼虫等。其食量很大，每天可取食1000～1400头害虫幼虫。

（4）灰喜鹊：留鸟，全体灰色，灵活敏捷，善飞翔，喜在密集的果园和森林中群居和筑巢，喜食金龟子、刺蛾、蓑蛾等30余种害虫。1头灰喜鹊全年可吃掉1.5万头害虫。

3. 利用方法

（1）禁止人为破坏鸟巢，以及捕猎、毒害鸟类。

（2）招引鸟类：冬季在果园为食虫益鸟给饵，在干旱地区给水，在果园栽植益鸟食饵植物，在果园内设置人工鸟巢箱等，为益鸟的栖息和繁殖创造条件。

（3）避免频繁使用广谱性杀虫剂，以免误伤鸟类。

（4）人工饲养和驯化当地鸟类，必要时可操纵其治虫。

十三、蟾蜍（癞蛤蟆）、青蛙

1. 防治对象　主要捕食蚱蜢、蝶蛾类幼虫、象鼻虫、蝼蛄、金龟甲、蚜虫等多种害虫。

2. 生活习性　日常栖息于石块下、草丛、土洞或池塘、水沟、小河内；有的昼夜均可取食，有的黄昏和夜间捕食，但以夜间的为多；捕食量大，1头青蛙日捕食70多头害虫，对控制果园害虫效果明显。

3. 利用方法

（1）禁止捕食青蛙和捕捞蝌蚪。

（2）合理施用农药，禁止施用高毒、高残留农药，保护蛙类。

（3）有目的的饲养：当田埂边或将要断水的沟渠中有蛙卵和蝌蚪时，及时捞取，放入有水沟渠中，使蛙卵正常孵化，使蝌蚪正常生长。

第四章

桃病虫无公害综合防治

一、适宜桃园使用的农药种类及其合理使用

无公害桃生产使用的农药药剂必须是经国家正式登记的产品，不能使用有致癌、致畸、致突变危险的或有嫌疑的药剂。

（一）允许使用的部分农药品种及使用要求

在桃园无公害果品生产中，要根据防治对象的生物学特性和危害特点合理选择允许使用的药剂品种，主要有如下种类。

1．植物源杀虫、杀菌素 包括除虫菊素、鱼藤酮、烟碱、苦参碱、植物油、印楝素、苦楝素、川楝素、茼蒿素、松脂合剂、芝麻素等。

2．矿物源杀虫、杀菌剂 包括石硫合剂、波尔多液、机油乳剂、柴油乳剂、石悬剂、硫磺粉、草木灰、腐必清等。

3．微生物源杀虫、杀菌剂 如B.t乳油、白僵菌、阿维菌素、中生菌素、多氧霉素和农抗120等。

4．昆虫生长调节剂 如灭幼脲、除虫脲、卡死克、性诱剂等。

5．低毒低残留化学农药

（1）主要杀菌剂有：5%菌毒清水剂，80%喷克可湿性粉剂，80%大生M-45可湿性粉剂，70%甲基托布津可湿性粉剂，50%多菌灵可湿性粉剂，40%福星乳油，1%中生菌素水剂，70%代森锰锌可湿性粉剂，70%乙膦铝锰锌可湿性粉剂，834康复剂，15%粉锈宁乳油，75%百菌清可湿性粉剂，50%扑海因可湿性粉剂等。

（2）主要杀虫杀螨剂有：1%阿维菌素乳油，10%吡虫啉可湿性粉剂，25%灭幼脲3号悬浮剂，50%辛脲乳油，50%蛾螨灵乳油，20%杀铃脲悬浮剂，50%马拉硫磷乳油，50%辛硫磷乳油，5%尼索朗乳油，20%螨死净悬浮剂，15%哒螨灵乳油，40%蚜灭多乳油，99.1%加德士敌死虫乳油，5%卡死克乳油，25%扑虱灵可湿性粉剂，25%抑太保乳油等。

允许使用的化学合成农药每种每年最多使用2次，最后一次施药距安全采收间隔期应在20天

以上。

（二）限制使用的部分农药品种及使用要求

限制使用的化学合成农药品种主要有：48%乐斯本乳油，50%抗蚜威可湿性粉剂，25%辟蚜雾水分散粒剂，2.5%功夫乳油，20%灭扫利乳油，30%桃小灵乳油，80%敌敌畏乳油，50%杀螟硫磷乳油，10%歼灭乳油，2.5%溴氰菊酯乳油，20%氰戊菊酯乳油，40%乐果乳油等。

无公害果品生产中限制使用的农药品种，每年最多使用1次，施药距安全采收间隔期应在30天以上。

（三）禁止使用的农药

在无公害桃果品生产中，禁止使用剧毒、高毒、高残留、致癌、致畸、致突变和具有慢性毒性的农药，主要包括：

有机磷类杀虫剂，如甲拌磷、乙拌磷、久效磷、对硫磷、甲基对硫磷、甲胺磷、甲基异柳磷、特丁硫磷、甲基硫环磷、治螟磷、内吸磷、氧化乐果、磷胺、灭线磷、硫环磷、蝇毒磷、地虫硫磷、氯唑磷、苯线磷、水胺硫磷；

氨基甲酸酯类杀虫剂，如克百威、涕灭威、灭多威；

二甲基甲脒类杀虫剂，如杀虫脒；

取代苯类杀虫剂，如五氯硝基苯、五氯苯甲醇；

有机氯杀虫剂，如滴滴涕、六六六、毒杀芬、二溴氯丙烷、林丹；

有机氯杀螨剂，如三氯杀螨醇、克螨特；

砷类杀虫、杀菌剂，如福美砷、甲基砷酸锌、甲基砷酸铁铵、福美甲、砷酸钙、砷酸铅；

氟制类杀菌剂，如氟化钠、氟化钙、氟乙酰胺、氟铝酸钠、氟硅酸钠、氟乙酸钠；

有机锡杀菌剂，如三苯基醋酸锡、三苯基氯化锡；

有机汞杀菌剂，如氯化乙基汞（西力生）、醋酸苯汞（赛力散）；

二苯醚类除草剂，如除草醚、草枯醚；

以及国家规定无公害果品生产禁止使用的其他农药。

（四）无公害果品生产中允许和禁止使用的天然植物生长调节剂及使用要求

允许使用的植物生长调节剂及使用要求：赤霉素类、细胞分裂素类，如苄基腺嘌呤（BA）、玉米素等，要求每年最多使用1次，施药距安全采收期应间隔20天以上；也可使用能够延缓生长、促进成花、改善树体结构、提高果实品质及产量的其他生长调节物质，如乙烯利、矮壮素等。

禁止使用污染环境及危害人体健康的植物生长调节剂，如比九(B_9)、萘乙酸、2，4-二氯苯氧乙酸（2，4-D）等。

（五）科学合理使用农药

1. 对症施药 根据田间的病虫害种类和发生情况选择农药，防治病害以保护性杀菌剂为基础。

2. 适时施药 根据预测预报和病虫害的发生规律，确定使用药剂的最佳时期。

3. 使用农药要喷布均匀周到 选择合适的药械和使用方法，保证使用的农药准确、均匀、到位。

4. 严格按照农药的使用剂量使用农药 同一种类的允许使用的药剂、一个生长周期：一般保护性杀菌剂可以使用3～5次；具有内吸性和渗透作用的农药可以使用1～2次，最好只使用1次；杀虫剂可以使用1～2次，最好只使用1次。

5. 严格按农药的安全间隔期使用农药 允许使用的农药品种禁止在采收前20天内使用；限制使用的农药禁止在采收前30天内使用。如果出现特殊情况，需要在采收前安全间隔期内使用农药，必须在植保专家指导下采取措施，确保食品安全。

6. 严格对于使用农药的安全管理 每一个生产者必须对桃园中使用农药的时间、农药名称、使用剂量等进行严格、准确的记录。

7. 严禁使用未经国家有关部门核准登记的农药化合物。

8. 其他情况按国家标准《农药合理使用准则》GB/T 8321（所有部分）规定执行。

二、无害化病虫害综合防治

（一）病虫害防治的基本原则

病虫无公害防治的基本原则是综合利用农业的、生物的、物理的防治措施，创造不利于病虫害发生而有利于各类自然天敌繁衍的生态环境，通过生态技术控制病虫害的发生。优先采用农业防治措施，本着“防重于治”、“农业防治为主、化学防治为辅”的无公害防治原则，选择合适的可抑制病虫害发生的耕作栽培技术，通过平衡施肥、深翻晒土、清洁果园等一系列措施控制病虫害的发生。尽量利用灯光、色彩、性诱剂等诱杀害虫，采用机械、人工除草以及热消毒、隔离、色素引诱等物理措施防治病虫害。一旦需采用化学方法进行防治病虫害时，注意严禁使用国家明令禁止使用的农药及果树上不得使用的农药，并尽量选择低毒、低残留、植物源、生物源、矿物源农药。

（二）病虫害防治的基本措施

1. 农业防治 农业防治是根据农业生态环境与病虫发生的关系，通过改善和改变生态环境，调整品种布局，充分应用品种抗病、抗虫性以及一系列栽培管理技术，有目的地改变果园生态系统中的某些因素，使之不利于病虫害的流行和发生，达到控制病虫危害、减轻灾害程度、获得优质、安全果品的目的。农业防治方法是果园生产管理中的重要部分，不受环境、条件、技术的限制，虽不如化学防治那样直接、迅速地杀死病虫，却可以长期控制病虫害的发生，大幅度减少化学药剂的使用量，有利于果园长期、可持续发展。

（1）植物检疫：植物检疫是贯彻“预防为主，综合防治”的重要措施之一，即凡是从外地引进或调出的苗木、种子、接穗、果品等，都应进行严格检疫，防止危险性病虫害的扩散。

（2）清理果园，减少病源：桃园中多数病虫在病枝或残留在园中的病叶、病果上越冬、越夏，及时清理果园可以破坏病虫越冬的潜藏场所和条件，有效地减少病害侵染源，降低害虫发生基数，可以很好地预防病害的流行和虫害的发生。秋季或早春清扫枯枝落叶，集中高温堆沤，可消灭其中越冬病菌和害虫。结合修剪，剪除病虫枝条、病芽，摘除病虫果、叶，剪除病虫枝条，可以有效地防治天牛类、刺蛾类、食心虫、介壳虫等害虫。对于病虫株残体和落在地面上的病虫果，应及时清除并高温堆沤或深埋，可以大大减少病虫的传播与危害。此外，及时清除田间杂草，不但减少了杂草种子在果园的残留，亦可以大大减少害虫寄生的机会。

（3）合理整形修剪，改善果园通风、透光条件：果园在密闭条件下病虫害发生严重，过于茂盛的枝叶常成为小型昆虫繁衍的有利场所。合理整形修剪使树体枝组分布均匀，改善了树冠内通风、透光条件，可以有效地控制病虫害的发生。

（4）科学施肥，合理灌溉：加强肥、水管理对提高树体抵抗病虫害能力有明显效果，而对具有潜伏侵染特点的病害和具有刺吸式口器的害虫的抵抗作用尤其明显。施肥种类及用量与病虫害发生有密切关系，不要过量施用氮肥，避免引起枝叶徒长，树冠内郁闭，而诱发病虫发生。厩肥堆积过多，常成为蝇、蚊、蛴螬等土栖昆虫的栖息繁殖场所，因此提倡配方施肥、平衡施肥、多施充分腐熟的有机肥、增施磷钾肥，以提高植株抗病性，增强土壤通透性，改善土壤微生物群落，提高有益微生物的生存数量，并保证根系发育健壮。此外，减少氮肥，增施磷钾肥，能增强树体对病害侵染的抵抗力。

果园湿度过大易导致真菌类病害疫情的发生，湿度越大病害越重。果树生长中、后期灌水过多，易使桃树贪青徒长，枝条发育不充实，冬季抵抗冻害的能力差。因此，桃园浇水应尽量避免大水漫灌，以免造成园内湿度过大，诱发病害发生，宜尽量采用滴灌等节水措施。利用滴灌技术、覆盖地膜技术可以有效地控制园内空气湿度，防止病害的发生。遇大雨后，应及时排水，避免影响杏树生长和降低抵抗病虫害能力。

（5）刮树皮，刮涂伤口，树干涂白：危害桃的多种害虫的卵、蛹、幼虫、成虫以及多种病菌孢子隐居在树体的粗翘皮裂缝里休眠越冬，而病虫越冬基数与来年危害程度密切相关，应刮除枝、干上的粗皮、翘皮和病疤，铲除腐烂病、干腐病等枝干病害的菌源，这样做同时还可以促进老树更新生长。刮皮一般以入冬时节或第二年 2 月间进行，不宜过早或过晚，以防止树体遭受冻害以及失去除虫治病的作用。幼龄树要轻刮，老龄树可重刮。操作动作要轻，防止刮伤嫩皮及木质部，影响树势，一般以彻底刮去粗皮、翘皮而不伤及白颜色的活皮为限。刮皮后，皮层集中烧毁或深埋，然后用石灰水涂白剂在主干和大枝伤口处进行涂白，既可以杀死潜藏在树皮下的病虫，还可以保护树体不受冻害。石灰涂白剂的配制材料和比例：生石灰 10 千克，食盐 150～200 克，面粉 400～500 克，加清水 40～50 千克，充分溶化搅拌后刷在树干伤口处，以不流淌、不结块为度。由虫伤或机械伤引起的伤口是最容易感染病菌和害虫喜欢栖息的地方，应将腐皮朽木刮除，用刀削平伤口后，涂上 5 波美度石硫合剂或波尔多液消毒，促进伤口早日愈合。

（6）刨树盘：刨树盘是桃树管理的一项常用措施。该措施既可起到疏松土壤、促进桃树根系生长的作用，又可将地表的枯枝落叶翻于地下，把土中越冬的害虫翻于地表。

（7）树干绑缚草绳，诱杀多种害虫：不少害虫喜在主干翘皮、草丛、落叶中越冬，利用这一习性，于果实采收后在主干分枝以下绑缚 3~5 圈松散的草绳，诱集消灭害虫。草绳可用稻草或谷草、棉秆皮拧成，绑缚要松散，以利于害虫潜入。

（8）人工捕虫：许多害虫有群集和假死的习性，如多种金龟子有假死性和群集危害的特点，可以利用害虫的这些习性进行人工捕捉。再如黑蝉若虫可食，在若虫出土季节，可以发动群众捕而食之。

(9) 园内种植诱集作物，诱集害虫集中危害而消灭：利用桃蛀螟、桃小食心虫对玉米、高粱趋性更强的特性，在园内种植玉米、高粱等，诱其集中危害而消灭。

(10) 园内放养鸡、鸭等家禽：啄食害虫，减轻危害。

2. 物理机械防治 是根据害虫的习性而采取机械方法防治害虫的技术。

(1) 黑光灯诱杀：常用 20 W 或 40 W 黑光灯管做光源，在灯管下接一个水盆或一个广口瓶，瓶中放些毒药，以杀死掉进的害虫。此法可诱杀晚间出来活动的害虫，如桃蛀螟、黄刺蛾、茎窗蛾成虫等。

(2) 糖醋液诱杀：许多成虫对糖醋液有趋性，因此可利用该习性进行诱杀。方法是：在成虫发生的季节，将糖醋液盛在水碗或水罐内制成诱捕器，将其挂在树上，每天或隔天清除死虫。糖醋液的制备方法：酒、水、糖、醋按 1：2：3：4 的比例放入盆中，盆中放几滴毒药，并不断补足糖醋液。

(3) 性外激素诱杀：昆虫性外激素是由雌成虫分泌的用以招引雄成虫来交配的一类化学物质，通过人工模拟其化学结构合成的昆虫性外激素已经进入商品化生产阶段。性外激素已明确的果树害虫种类大约有 30 多种。

1) 利用性外激素诱捕器诱杀：目前国内外应用的性外激素捕获器类型有 5 大类 20 多种，如黏着型、捕获型、杀虫剂型、电击型和水盘型。我国在果树害虫防治上已经应用的有桃蛀螟、桃小食心虫、桃潜蛾、梨小食心虫、苹果小卷叶蛾、苹果褐卷叶蛾、梨大食心虫、金纹细蛾等昆虫的性外激素。捕获器的选择及捕获器放置的地点、高度和用量要根据害虫种类、虫体大小、气象因素等确定。在果园放置一定数量的性外激素诱捕器能够诱捕到雄成虫，导致雌、雄成虫的比例失调，减少了自然界雌、雄虫交配的机会，从而达到治虫的目的。

2) 干扰交配（成虫迷向）：在果园内悬挂一定数量的害虫性外激素诱捕器诱芯作为性外激素散发器，这种散发器不断将昆虫的性外激素释放到田间，使雄成虫寻找雌成虫的联络信息发生混乱，从而失去交配的机会。在果园的试验结果表明，在每 667 平方米内栽植 110 棵桃树的情况下，每棵树上挂 3 ~ 5 个桃小食心虫性外激素诱芯能起到干扰成虫交配的作用。此法打破害虫的生殖规律，使大量的雌成虫不能产下受精卵，从而极大地降低幼虫数量。

(4) 水喷法防治：在桃树休眠

期（11月中、下旬）用压力喷水泵喷枝干，喷到流水程度，可以消灭在枝干上越冬的介壳虫。

（5）果实套袋：果实套袋栽培是近几年我国推广的优质果品技术。果实套袋后，既能增加果实着色，提高果面光洁度，减少裂果，又能防止病菌和害虫直接侵染果实，减少农药在果品中的残留。

3. 生物防治 运用有益生物防治果树病虫害的方法称为生物防治法。生物防治是进行无公害桃生产、有效防治病虫害的重要措施。在果园自然环境中有数百种有益天敌昆虫资源和能促使桃害虫致病的病毒、真菌、细菌等微生物，保护和利用这些有益生物是桃病虫无公害防治的重要手段。生物防治的特点是不污染环境，对人、畜安全无害，无农药残留，符合果品无公害生产的目标，应用前景广阔。但该技术难度较大，研究和开发水平较低，目前应用于防治实践的有效方法还较少。各果园可以因地制宜，选择适合自己的生物防治方法，并与其他防治方法相结合，采取综合治理的原则防治病虫害。

（1）利用寄生性天敌昆虫防治虫害：寄生性昆虫活动特点是以雌成虫产卵于寄主（害虫）体内或体外，以幼虫取食寄主的体液摄取营养，从而导致寄主死亡，而成虫则以花粉、花蜜等为食或不取食；除了成虫以外，其他虫态均不能离开寄主而独立生活。桃园害虫天敌主要有：寄生卷叶虫的中国齿腿姬蜂、卷叶蛾瘤姬蜂、卷叶蛾绒茧蜂；寄生梨小食心虫的梨小蛾姬蜂、梨小食心虫聚瘤姬蜂；寄生潜叶蛾、刺蛾的刺蛾紫姬蜂、刺蛾白跗姬蜂、潜叶蛾姬小蜂等寄生蜂类；寄生鳞翅目害虫幼虫和蛹的寄生蝇类，如寄生梨小食心虫的稻苞虫赛寄蝇、日本追寄蝇，寄生天幕毛虫的天幕毛虫追寄蝇、普通怯寄蝇等。

（2）利用捕食性天敌昆虫防治害虫：捕食性天敌昆虫靠直接取食猎物或刺吸猎物体液来杀死害虫，致死速度比寄生性天敌快得多。例如：捕食叶螨类的深点食螨瓢虫、腹管食螨瓢虫、大草蛉、中华通草蛉、食蚜瘿蚊等；捕食蚜虫的七星瓢虫；捕食介壳虫的黑缘红瓢虫、红点唇瓢虫等。此外，还有螳螂、食蚜蝇、食虫蝽象、胡蜂、蜘蛛等多种捕食性天敌，抑制害虫的作用非常明显。

（3）利用食虫鸟类防治虫害：鸟类在农林生物多样性中占有重要地位，它与害虫形成相互制约的密切关系，是害虫天敌的重要类群。我国以昆虫为主要食料的鸟类约有600多种，如大山雀、大杜鹃、大斑啄木鸟、灰喜鹊、家燕、黄鹂等，主要或全部以昆虫为食物，对控制害虫种群作用很大。

（4）利用病原微生物防治病虫害

1）利用病原微生物防治害虫：在自然界中，有一些病原微生物（如细菌、真菌、病毒、线虫等）在条件合适时能引发害虫流行病，致使害虫大量死亡。利用病原微生物防治虫害主要有细菌、真菌、病毒三大类制剂。

2）利用病原微生物防治病害：主要是利用某些真菌、细菌和放线菌对病原菌的杀灭作用防治病害，方法是直接把人工培养的抗病菌施入土壤或喷洒在植物表面，控制病菌发育。目前国外已制成对部分病原微生物有抑制作用的微生物产品，如美国生产的防治根癌病的放射性土壤杆菌菌系 K_{84}，应用效果显著。此外，国内也已分离出一些菌株。在土壤中多施用有机肥，促进多种天然存在的抗生菌大量繁殖，可有效防治果树根系病害，也是利用病原微生物防治病害的可行措施。

目前国内应用病原微生物防治病虫害的制剂主要有苏云金杆菌、白僵菌制剂、病原线虫。

（5）利用昆虫激素防治害虫：对危害相对简单的关键害虫以及世代较长、单食性、迁移性小、有抗药性、蛀茎蛀果害虫更为有效。昆虫激素主要有保幼激素、蜕皮激素、性信息激素 3 大类，其杀虫机理是使害虫生长发育异常而死亡。利用性外激素不仅可以诱杀成虫、干扰交配，还可根据诱虫时间和诱虫量指导害虫防治，提高防效。

4. 化学防治 使用化学药剂防治病虫草害具有作用迅速、见效快、方法简便的特点，在现阶段果品生产中仍具有不可替代的作用。然而，化学药剂的长期使用存在着引起害虫抗性、污染环境、减少物种多样性、在果品中残留有危害人体健康的有毒物质等多方面副作用。尤其随着人民生活水平的提高，消费者越来越注重食品安全问题，因此如何科学、合理、正确的使用化学药剂生产无公害果品已日益受到重视。

无公害果品生产并非完全禁止使用化学药剂，使用时应当：遵守有关无公害果品生产操作规程和农药使用标准，合理选择农药种类，正确掌握用药量；加强病虫测报工作，经常调查病虫发生情况，选择有利时机适时用药；选择对人、畜安全、不伤害天敌、不污染环境同时又可以有效杀死病虫草害的农药品种；严禁使用一切汞制剂农药以及其他高毒、高残留、致畸、致癌、致残农药，严禁使用未取得国家农药管理部门登记和没有生产许可证的农药。

参考文献

1. 吕佩珂等. 中国果树病虫原色图谱. 第2版. 北京：华夏出版社，2002
2. 中国林科院主编. 中国森林昆虫. 北京：中国林业出版社，1980
3. 北京农业大学主编. 果树昆虫学（下册）. 北京：农业出版社，1981
4. 中国农科院主编. 中国果树病虫志. 北京：农业出版社，1959
5. 冯明祥主编. 无公害果园农药使用指南. 北京：金盾出版社，2004
6. 王守正主编. 河南省经济植物病害志. 郑州：河南科学技术出版社，1994
7. 邱　强. 中国果树病虫原色图鉴. 郑州：河南科学技术出版社，2004
8. 冯明祥等. 桃杏李樱桃病虫害诊断与防治原色图谱. 北京：金盾出版社，2004

图书在版编目(CIP)数据

桃病虫害诊治原色图谱/冯玉增等主编. -北京:科学技术文献出版社,2012.2(重印)

ISBN 978-7-5023-6561-5

Ⅰ.①桃… Ⅱ.①冯… Ⅲ.①桃-病虫害防治方法-图谱 Ⅳ.①S436.621-64

中国版本图书馆 CIP 数据核字(2009)第 232718 号

桃病虫害诊治原色图谱

策划编辑:丁坤善　责任编辑:洪　雪　责任校对:赵文珍　责任出版:王杰馨

出 版 者	科学技术文献出版社
地　　址	北京市复兴路 15 号　邮编 100038
编 务 部	(010)58882938,58882087(传真)
发 行 部	(010)58882868,58882866(传真)
邮 购 部	(010)58882873
官方网址	www.stdp.com.cn
淘宝旗舰店	stbook.taobao.com
发 行 者	科学技术文献出版社发行　全国各地新华书店经销
印 刷 者	北京时尚印佳彩色印刷有限公司
版　　次	2010 年 1 月第 1 版　2012 年 2 月第 6 次印刷
开　　本	889×1194　1/32 开
字　　数	95 千
印　　张	3.25
书　　号	ISBN 978-7-5023-6561-5
定　　价	16.00 元